奇想、宇宙をゆく

THE UNIVERSE NEXT DOOR

最先端物理学12の物語

マーカス・チャウン 著
MARCUS CHOWN
長尾力 訳
TSUTOMU NAGAO

春秋社

日本語版序文　宇宙は謎だらけ　知れば知るほど新たな謎が生まれる

佐藤勝彦（東京大学大学院理学系研究科教授　ビッグバン宇宙国際研究センター長）

私たち人類は科学という言葉が生まれるはるか前から、自らの生活体験を通じてものの性質や運動・変化の規則を見つけてきた。そして自分の体のスケールより大きい世界、また小さい世界へと認識を広げていった。今や私たちは、小は宇宙創生に関わる長さであるプランク長さ（一〇の三三乗分の一センチメートル）から、大は観測的な宇宙の果て、地平線（一〇の二八乗センチメートル）まで、およそ六〇桁に及ぶ世界があることを知っている。あらっぽく言えば、私たちは自身の体の大きさと比べて、小さいスケール、大きいスケール両方におよそ三〇桁まで世界を知っているのである。

このようなことが可能となったのは、二〇世紀初頭に生まれた量子論と相対論という、現代物理学を支えている二本の柱が作られたからである。さらにこの二つの物理学の根幹をなす法則を駆使することによって、ビッグバンモデルと呼ばれる、宇宙開闢の瞬間から現在にいたる宇宙進化の物語、宇宙誌が描き出された。

この宇宙進化の物語は、今、光電技術、コンピュータ技術、人工衛星からの観測によって、観測的にも描き出される時代になった。宇宙では、遠くを見るということは過去を観測することである。光といえども、宇宙を伝わるには時間がかかる。一〇〇億光年先の銀河を観測することは、一〇〇億年前を観測することである。原理的には、私たちは宇宙開闢の瞬間の写真も撮ることができるのである。

二〇〇三年二月、米国NASAの打ち上げた人工衛星WMAPは、生まれてまだ三八万年しか経っていない頃の宇宙の地図を描き出した。人類が今、描くことのできる最も昔の姿である。それを解析することで、宇宙論研究の究極の課題であった宇宙の年齢も一三七億年（誤差二億年）と求められた。

私たちは今、自分の住んでいるこの世界をほとんど知り尽くしたのだろうか？　もちろんそんなことはない。まだまだ世界は謎だらけである。私たちが知っている世界、知の世界が広がれば、未知の世界がどんどん狭まると考えている人もおられるが、事実は逆なのである。私たちが世界を知れば知るほど、未知の世界へのフロンティアは、むしろ広がるのである。知の世界という丸い風船が膨らめば膨らむほど、未知との境界である風船の表面は大きくなるのである。つまり、私たちは知の世界を広げることによって新たに、実は私たちが知らない世界があることを知ることができるのである。宇宙の研究は、二一世紀はじめの今も、爆発的に進んでいる。

＊　＊　＊

さて、本書はサイエンス・ライターである著者が、物理学の根幹をなす量子論や相対論をさらに深め、また宇宙の多くの謎に果敢にチャレンジしている研究者の研究室を訪問し、最新の研究成果を紹介している本である。ここで紹介されているほとんどの研究者は極めて個性豊かな、新奇な発想を持った研究者ばかりである。読者の皆さんも、この本を読み進める中で、その奇想天外な発想に、何度も度肝をぬかれることであろう。そして科学の研究がなんと楽しく、エキサイティングな仕事であるかを感じられるであろう。著者は実に巧みな語りかけで、これらの奇想天外な研究を私たちに紹介してくれている。

しかし、最新の研究ということは、それらは学者社会で認められ、確立したものではないということである。実際、私にはとうてい承伏できない研究・主張も多く含まれているし、ほとんど科学とは言えないのではないかと思われるものもある。しかし、それにもかかわらず、読者の皆さんもこれらの内容に批判を加えながら、知の世界の面白さを味わうことができるであろう。

本書の内容は、分類すれば、1．相対論、量子論の根元に関わる問題（第1話から第4話）、2．宇宙論（第5話から第9話）、3．宇宙における生命（第10話から第12話）であろう。ポイントをかいつまんで、その奇想天外な世界の一端を、のぞいてみよう。

「時間とは何か？　誰も私に問わなければ、私はそれを知っている。誰かそれを問う者に説明しようとすれば、私は知らないのである」。これは有名な聖アウグスチヌスの言葉である。確かに私たちは、時間というものを、日常体験から〝よく知っており〟、何ら日常の生活に困ることはない。しかし、改めて時間は何かと問われれば、しどろもどろになってしまう。

物理学の法則は、時間の方向を変えてもまったく変化しない（素粒子の世界の一部の法則を除いて）。つまり物理学の法則は時間反転に対して不変である。それならば何故、時間は一方向に進むのか？　これが時間の矢の問題である。私はほとんどの物理学者と同様に、時間の矢は熱力学的に決まっていると信じている。第1話では、この熱力学的時間の矢は批判的に紹介されている。そして、時間の矢は宇宙の膨張によって決められているのではないかと書かれている。私はこの主張は誤りであると信じている。

一〇年ほど前、宇宙論研究者のシンボルと見なされているケンブリッジ大学教授、S・ホーキングは、量子宇宙論の研究から、「宇宙が膨張から収縮に転じた時、時間の矢もひっくり返る。そこでは頭脳から記憶は消えてゆき、コンピュータからもメモリからも情報は消えていく」と主張し、学界に大きな波紋を引き起こした。一体、彼は何を言い出したのかと学界はいぶかった。その主張は、宇宙の進化を量子論的に記述する方程式の解からきていた。しかし一、二年後、ホーキングは自らの過ちを認め、結局、その主張を取り下げた。

宇宙の膨張が、膨張から収縮に転じたからといって、宇宙の膨張とはまったく切り離され、何ら関係しない系に影響することは物理的にありえない。たとえばコップの中で広がってしまったインクが、逆に、スポイトまで戻り始めることはない。第1話の内容は私の考えに反するものであるが、皆さんはどう思われるだろうか？

タイムマシン問題は、未だ解かれていない相対論の重要問題である。つまり相対論にしたがうならば時間がループになって、元の時刻に帰ってくる解が存在する。しかしタイムマシンができると親殺しのパラドックスが生じるので、物理学としてはそれを回避しなければならない。

一つの考えは、タイムマシンは作ろうとしても、量子論の効果によってすぐに壊れてしまうという立場で、ホーキングなどの主張である。もう一つの考えは、ドイッチュなどによる、量子論の多世界解釈を持ち込む立場である。タイムマシンで過去に行って自分を生む前の母親を殺したとしても、その母親は今の自分につながる世界の母親ではなく、別の世界に分岐している母親であり、自分が消えることはないという考えである。

いずれも量子論の助けなしには解決できないことを示しており、この問題が深遠な物理学の根元に関わる問題であることが、読者の皆さんにも理解して頂けるであろう。

量子論の多世界解釈を聞かれた方々は、実に奇想天外な、とても科学とは思われないものと感じるのではないだろうか？　常に世界は可能な確率にしたがって枝分かれを続け、増殖を続けているなどという考えを、そうたやすく信じるわけにはいかない。

かつて私も量子論を学んだ頃は、正統的コペンハーゲン解釈にしたがい、多世界解釈など遊びとしか思っていなかった。しかし宇宙論の研究を進める中で、実は多世界解釈こそ最も論理的な解釈なのだと考えるようになった。第2話で紹介されているテグマークの機関銃実験は、この解釈の神髄を理解するのに、実に面白い例である。

量子論と相対論の統一は、理論物理学の夢である。残念ながら、アインシュタイン以来、両者の相性は悪く、結婚にはいたっていない。第4話で語られているような、どちらかがどちらかから導かれるとか、どちらかが誤りであるなどということではない。二つが統一された時、私たちはより深い真理に達するのである。現在、量子論と相対論の統一は、あらゆる力を統一し、一つの法則にまとめあげようとする超ひも理論によって進められているが、その大きな進歩にもかかわらず、まだ見通しもついていない。

さて、この一〇〇余年の観測的宇宙論の進展はすばらしい。現在、宇宙物理学者は宇宙の創生進化に関する、次のようなパラダイムを持っている。

「宇宙は量子論的効果によって〝無〟から生まれた。その量子宇宙は誕生直後、その宇宙を満たしている真空のエネルギーに働く斥力により、加速度的な急激な膨張を起こす。このインフレーションと呼ばれる急激な膨張により、私たちが住むことのできるような巨大な宇宙となった。インフレーションの終わる時、真空のエネルギーは解放され、火の玉のエネルギーとなった。またインフレーション中の量子論的揺らぎ、凸凹は次第に成長し、銀河や銀河団など、宇宙の構造が形成され、今日の豊か世界が創られた」――。

今やこのパラダイムは、ハイテク機器、人工衛星による観測によって、極めて強い支持を得ている。しかし、このような知の世界の拡大に伴って、新たな極めて大きな謎も生まれてきた。それは、この宇宙を満たしている物質エネルギーの九六パーセントは正体不明のものだということである。宇宙を構成する二六パーセントはダークマター、また七〇パーセントはダークエネルギーと考えられている。ダークマターは銀河や銀河団を包み含むように存在している未知の物質で、重力が働いていることでのみ、その存在がわかる物質である。

それは私たちが知らない素粒子ではなかろうかと考えられているが、奇想天外な考えが、ミラーワールドである（第7話）。加えて、それを支持するような新たな理論も生まれてきた。私たちの住む一次元の時間と三次元の空間である世界は、一〇次元もしくは一一次元の世界にうかぶ〝膜〟（ブレーンワールド）なのだという理論である（第5話）。これは、究極の統一理論と考えられている超ひも理論から生まれた理論である。

この考えでは、私たちの住むブレーンワールドに近接して、もう一つの別の膜宇宙も存在するかもしれないのである。通常の物質やエネルギー、また力もそれぞれの膜の中に閉じ込められており、そこから漏れ出すことは許されないが、ただ、重力だけは漏れ出すのである。つまり、暗黒物質と思われる物質はあの世の物質なのである。

このモデルを実証することはほとんど不可能であるが、二〇〇七年から稼働を始めるヨーロッパ合同原子核研究機構（CERN）の加速器LHCによって五次元のブラックホールが形成され、その蒸発が観測される可能性も指摘されている。S・ホーキングは二〇〇二年、東大・安田講堂での講演で、「もしそれが観測されるならば、私はノーベル賞はいただきだ」とユーモアたっぷりに語っている。

ダークエネルギー問題は、さらに一段と難しい問題である。ダークエネルギーは宇宙初期にインフレーションを引き起こした真空のエネルギーとほとんど類似のものと考えられているが、その正体は予想もつかない。今、宇宙は、このダークエネルギーに働く斥力で加速度的な膨張を始めている。いわば第二のインフレーションを始めている。しかしなぜ、宇宙開闢からおよそ一〇〇億年という時代にそのようなことが起こるのか、まったく不明である。

この問題を解く一つの考えが、人間原理である。宇宙は無限に存在する。しかし認識される宇宙は、その中で、人間のような知的生命体を育む世界のみである。そう考えると、炭素や酸素の元素が合成され、またそれを材料に地球型惑星が形成され、そこで発生した原始生命が知的生命体に成長するまで数十億年かかるとするなら、七〇パーセント程度のダークエネルギーを含む宇宙では知的生命体が生まれることは可能で、その宇宙は認識される。この人間原理の前提となっているのが、多宇宙《マルチバース》である（第8話）。

私ごとになるが、一九八一年、今日、インフレーションと呼ばれている急激な宇宙膨張モデルを、米国のA・グースより早く提案したが、引き続きインフレーション宇宙では無限に宇宙が生み出されるという「宇宙の多重発生理論」を協力者と提唱した。インフレーションという急激な宇宙の膨張が、場所によってその速さが異なると、母宇宙から多数の子宇宙が、その子宇宙から孫宇宙が、というように無限に宇宙は生まれる。本書ではグースの、実験室で宇宙を創るという話が紹介されている。グースの話は、宇宙初期に起こった子宇宙の創生が、今でも原理的には可能かもしれないという話である。

マルチバースという考えは、ケンブリッジ大学教授、M・リースの普及活動により、広く受け入れられつつある。リースはイギリスにおいて最も権威ある天文学者に与えられるロイヤル・アストロナマーの称号を持つ。私たちの研究は、マルチバースを具体的に実現する理論の先駆けとなったものと思っている。

宇宙における生命の研究は、今、天文学者にとって、極めてホットな課題である。この数年の間に、私たちの太陽系以外に一二〇個もの惑星系が存在することが発見された。地球型の惑星を見つけるのはまだ困難であるけれども、惑星系は極めてありふれた存在であることははっきりした。生命の起源を地球外に求め、しかもそれを星間空間に求めるウィクラマシンゲの発想は、確かに奇想天外である（第10話）。賛成する人は極めて少ない異端の説である。しかし、異端の説を反論することで、正統派の研究も進む。

今、宇宙論の研究は観測の急激な進歩と、究極の統一理論と期待されている超ひも理論の大きな進歩によって、爆発的に面白い時代となっている。日本でこれらの研究の中核になって研究を進めているのは、大学院生をはじめとする若者である。この本に取り上げられている研究は、最先端の研究の中でもかなり奇想天外なものであるが、さらに若い人々が宇宙論研究に参入して頂くきっかけになるなら、嬉しい限りである。

*　　*　　*

「深く探求すればするほど、知らなくてはならないことが見つかる。人間の命が続く限り、常にそうだと私は思う」(アルバート・アインシュタイン)。

はじめに：科学の未来のために

科学がなしうる最大の貢献とは、新奇な発想を導入することだ。
J・J・トムソン

必要なのは、想像力だ。世界を新たな眼で眺めなければならないからである。
リチャード・ファインマン

斬新な発想こそ、科学の命だ。みずみずしい発想を絶えず取り込んでいなければ、科学は立ちいかなくなるだろう。青空に素焼きの標的を打ち上げておかなければ、クレー射撃などできるわけもないではないか？『ニューサイエンティスト』誌で「宇宙論」担当の顧問などをしていると、頭にガツンと一撃を食らわされたうえに、その「異常分裂」のせいでめまいを誘発されてしまうような発想にお目にかかることが多い。時間は実際に逆流しうるとか、宇宙にはいくつもの実在が存在しており、ありとあらゆる歴史を生み出しているとか、宇宙とは高度な知性を備えた存在が「日曜大工」さながらに行った実験の産物かもしれないといった発想にである。

そうした発想は、例外なく、科学の大問題を解き明かそうとしている。時間とは何か？　実在とは何だろう？　人類は、この宇宙で唯一の存在なのだろうか？　宇宙はどこから生まれたのか？こうした問いにははからずも、現代科学の限界が露わになっている。そこには、科学の最前線で活躍する研究者たちが格闘している主要な問題が浮き彫りにされているのだ。

本書は、そうした「想像力の最前線」からの特報である。一見するとこうした発想は、荒唐無稽に思われる。だが、かつては高速で移動する場合や、重力が存在する場合には、時間がゆっくりと流れるようになるという発想は、普通ではないとされていた。ところが今では「時間の膨張」は、超高精度の原子時計を使えば立証してみせることもできるため、それを疑う者など皆無なのだ。同じように、一個の原子が二つの場所に同時に存在しうるという発想も、常識はずれとされてきた。これは卑近な例で言えば、座るのと立ち上がるのを同時に行うようなものである。現在では、こうした現象は簡単に裏づけることができる。アメリカ合衆国などは、「量子理論」を応用した発明のおかげで、国民総生産の三割をまかなってもいるようだ。

つまり、「常識はずれ」は必ずしも、「否定的」とばかりは言えないのである。自然界には、ヒトの常識にかなった振る舞いを見せたり、ヒトの感受性に敬意を払ったりする義務などいっさいないというわけだ。「それにしても君の発想は、常識はずれだね」。偉大な物理学者ニールス・ボーアは、同僚にこんな風に話したと言われている。「問題はだね、それが真実と言えるほど常識はずれなのかということなんだ」。

もちろん、科学が想像力の翼を広げる場合、「既知の事実」という枠組みを超えてはならないのは言うまでもない。ただここで紹介した発想にはすべて、それを裏づけるだけの証拠がある。本書は、荒唐無稽な発想をする、普通ではない人々に捧げられたものだ。それは、勇気と想像力を駆使して「新たな科学」を切り拓こうとしている人々への賞賛の書であり、常識を超えた新たな宇宙像を描こうと模索している人々へのオマージュなのである。

本書を通じて、この宇宙がいかにすばらしく、また不気味で奇妙なものであるかを、いくらかでも体感していただければ幸いだ。そう、この宇宙とは、人類が生み出しうるどんなものよりも、はるかに奇妙な対象なのである。それから、その宇宙に想いを馳せてもいただきたい。後はただ、E・E・カミングスのこんな言葉に耳を傾けるだけでよいのである。「いいかい、この宇宙にはとてつもない数の宇宙があるんだ。さあ、出発しよう……」。

わがいとしき妻カレンへ！
愛をこめて、マーカス

謝辞

本書執筆中に、直接手を差し延べて下さったのをはじめ、よき発想を与えて下さり、惜しみない励ましをいただいた以下の方々に感謝申し上げたい。両親、妻カレン、サラ・メンガック、リンゼイ・サイモンズ、カーク・ジェンセン、ロレーン・ジャーラム、バーバラ・カイザー、グレゴリー・チャイティン、パトリック・オハロラン、ニック・メイヒュー‐スミス、マックス・テグマーク、ラリー・シュルマン、エド・ハリソン、ハンフリー・マリス、マーク・ハッドリー、ケイス・ディネス、マイク・ホーキンス、ロバート・フット、セルゲイ・グニネンコ、デイヴィッド・スティーブンソン、チャンドラ・ウィクラマシンゲ、アレクセイ・アルヒーポフ、フレッド・ホイル卿、アリソン・チャウン、ジョン・クレイマー、クリフ・ピックオーバー、マーティン・リース卿、マイクル・ブルックス、スティーブン・バタースビー、アンディー・ハミルトン、エリザベス・ジーク、アレックス・ジョーンズ、ゲリー・ウィリアムズ、デイヴィッド・ヒュー、ジュリー・メイエス、スティーブン・ヘッジズ、スー・オマリー、パム・ヤング、マイク・ヤング、スペンサー・ブライト、カレン・ガンネル、パット・チルヴァー、ブライアン・チルヴァー、デイヴィッド・パースロー、ポーリン・パースロー、ステラ・バーロー、バーバラ・ペル、モーリーン・バトラー、ジュリエット・ウォーカー。言うまでもないことだが、本書の文責はすべて私にある。

いいかい、この宇宙には
とてつもない数の宇宙があるんだ。
さあ、出発しよう。

E・E・カミングス

奇想、宇宙をゆく——目次

第3部　生命と宇宙

奇想、宇宙をゆく

最先端物理学12の物語

第1部

実在《リアリティ》って何だろう？

大方の予想に反して、この宇宙には、時間が逆流する場所があるらしい。

第1話 逆流する時間

食べることもまた魅力がない。（中略）やがて汚れた皿を選び、残り物をゴミの中から集め、腰を落ち着けてしばらく待つ。いろいろなものがゲボゲボと口の中へ込み上げてきて、それを舌と歯で巧みに揉《も》んだ後、皿へ戻し、ナイフとフォークとスプーンで追加的彫刻をする。

マーティン・エイミス／大熊栄訳『時の矢』

時間をさかのぼる旅で、未来に向けて進んでいる人に出くわしたなら、目を合わせないのが一番だろう。

ジャック・ハンディー

宇宙では、恒星の爆発など起きていない。ほんのすこし前には、ねじれた灼熱の物質が秒速三万キロで真空内を飛んでいた。ところが今では、光り輝く最後のかけらが、その恒星に吸い込まれている。その星はすでに、時間をさかのぼる旅に乗り出しているのだ。つまりその恒星は、星間ガスの冷たい雲の中で誕生することはないのである。

こうした一連の現象は、まったくのナンセンスなのだろうか？　アメリカのある著名な物理学者に言わせれば、そうではないという。ニューヨーク州にあるクラークソン大学のローレンス・シュルマンは、二〇世紀最後の週に、ある科学論文を発表したのだが、それはまさに、物理学界にとてつもない爆弾を投下するような行為だった。この宇宙には、時間が逆流する場所が存在しうることを示してみせたのである。そう、そこでは恒星は爆発せず、卵は割れず、ヒトは刻一刻と若返っていくのだ。

では一体どうすれば時間は逆流しうるのだろうか？　そのためにはまず、なぜ時間が前向きに進むのかを知っておく必要がある。

時間の矢

時間の流れといえば、事物が古びていくとか、朽ち果てていくとかいったイメージで捉えられるのがふつうだ。たとえば、二枚の写真があるとしよう。一枚はマグカップの、もう一枚は粉々に砕け散った同じマグカップの写真だ。さて、どちらが後に撮られたものだろう？　もちろん、粉々に割れたマグカップの写真の方だ。「過去」といえば、誰もがごく当たり前に、割れていないマグカップを連想するだろうし、「未来」といえば、割れたマグカップを連想するだろう。常識からいっても、マグカップがいつまでも割れないままでいるとは考えられない。なぜか？

答えは、謎のままだ。マグカップの「組み立てブロック」である原子はもちろん、宇宙全体をつかさどっている根本法則の際立った特徴は、時間に対してほぼ確実に可逆的であるということだ。要は、一方向で起こっているプロセスは例外なく、逆流しうるということなのである。たとえば、原子は、光子を吐き出すと同時にそれを吸い込むこともできるのだ。というわけで、原子の振る舞いをフィルムに収めた場合、それが「先送り映像」なのか、「巻き戻し映像」なのかは、はっきりわからないだろう。なぜなら、どちらの場合でも、話のつじつまがピッタリ合うためだ。

この点を考慮すれば、マグカップが割れるしくみについては、さらに細かく論じることができる。原子のような粒子がいくつも集まって、マグカップができあがっているとすれば、時間はなぜ以前何もなかった場所に流れ込んでくるのだろう？　この点も、謎のままだ。驚いたことにこの問題は、マグカップが割れる可能性の方が、それが無傷のままでいられる可能性よりも、はるかに多様性に富んでいるという事実に関わっているらしいのだ。

粉々に割れたマグカップを例にとってみよう。その割れ方のありとあらゆる可能性について考えてみるのだ。たとえば、一片の大きなかけらになることもあれば、一〇片の小さなかけらになることもあるだろう。あるいは、二片の大きなかけらになったり、一六片の小さなかけらになったりする場合もあるだろう。また、大きなかけら二片に加えて、小さなかけら一二片と無数の塵になる場合もあるだろう。もうおわかりだろうが、マグカップの割れ方には明らかに、とてつもなく膨大なパターンがあるのだ。次に、マグカップが無傷のままでいられる状態が、何パターンあるかを考えてみよう。それは、一パターンしかないはずである。こうしてみると、あらゆる可能性がどれも似たりよったりだとすれば、マグカップ一個には、「無傷の状態」から「割れた状態」にいたる無数のパターンがあることは確実だ。単純に言えば、無傷の状態よりも、割れた状態の方がはるかに多様なパターンを持っているということである。バラバラになった破片を集め、それらをハンマーで叩くと、その破片が組みあがって元の状態に戻るなどということが、絶対にありえないとは言い切れないのだ。もっとも、今すぐにそうなる可能性などないのだが。そんな現象を目の当たりにしたければ、現時点での宇宙の年齢を、はるかにしのぐ時間が必要だろう。

「マグカップを割るのはたやすいが、その破片を集めて元の状態に戻すのは、やっかいなばかりか、土台無理な話なのだ」と述べるのは、シュルマンである。「物理学者の言う『時間の矢』とは、楽な道を選ぶ行為にほかならないのだ[1]」。

時間の矢が指し示す方向とはまた、金属が錆び、中世の城が廃墟と化し、ヒトが老いて死んでいく方向でもある。こうしたプロセスに共通して見られるのは、比較的秩序立った状態から、比較的無秩序な状態への変化である。多様に見える現象も、たった一つの原因から生じているのだ。ある対象には、秩序よりも、はるかに多くの無秩序が関わっているというわけである。つまり、あらゆるものが等しければ、優勢となるのは、無秩序の方だろう。こうしてカオスが、その場を牛耳ることになるわけだ。

物理学者は、無秩序を量的に捉える特殊な方法を持ち合わせている。それが「エントロピー概念」だ。割れたマグカップのエントロピーは、マグカップが壊れうるあらゆる可能性を測る重宝な尺度である。マグカップが割れ、無秩序が拡大していくにつれ、物理学者はその状態を指して「マグカップのエントロピーが増大した」と言うだろう。こうした見解はこれまで、一般化され、物理学の礎の一つになってきた。それこそが、熱力学の第二法則なのだ。この法則によれば、おおむね、エントロピーは増大するしかなく、さもなければ、同じ状態を保つのがせいぜいのところだという。それは決して減少しえないのだ[2]。「熱力学における時間の矢」という異名を持つ「時間の矢」は、こうしてエントロピーが増大する方向に結びつけられているのである。

初期／最終条件

時間の方向については、次のような見方が一般的である。マグカップであれ、恒星であれ、ヒトであれ、物質には秩序立った状態から始まって、ありとあらゆるかたちで終わる自由度が与えられているというわけだ。「これが熱力学の第二法則である。この法則によれば、事物は腐食し古びていくという。だが、ここが重要な点なのだが、この熱力学の第二法則が成り立たないような状況も存在するのだ」とシュルマンは述べている。

物理学者は、マグカップが無傷のままでいた「初めの状態」を支えているこうした制限を「初期条件」と呼んでいる。「初期条件は存在するが、最終条件は存在しないために、無秩序が時間の経過とともに増大していくという現象が起きるのである。そこからまさに、通常の時間の矢に関連づけられている一連の出来事が生じているのだ」。これがシュルマンの発想である。

では、物体に制約が加えられるのが、最初ではなく最終段階でだとしたらどうだろう？　また、初期条件など存在せず、最終条件だけが存在するとしたらどうだろうか？　一見すると、こんな発想はまったくばかげているように思われるだろう。たとえば、割れたマグカップが、無傷のままの状態に戻るきっかけになるような制約など、とても想像できないはずだ。

ところが、「未来が制約を受ける」という状況は実際、それほど奇妙なことでもあるまい。たとえば、週に一度、スペイン語の夜間クラスに通っている様々な職種のロンドンっ子がいるとする。ふだんは様々な職業につき、多彩な友人と触れ合っている彼らは、それぞれのライフスタイルに合わせてロンドンのあちこちに出かけている。ところが、スペイン語の夜間クラスに参加している間は、それぞれのライフスタイルに「最終条件」という制約が加えられているのだ。だからこそ彼らは、毎週金曜日の午後七時になると、同じ場所にやってきて、スペイン語を習うことになるのである。(3)

時間の矢と宇宙の膨張

宇宙には、最終条件など存在するのだろうか？　それは、誰にもわからない。だが、ビッグバン／ビッグクランチ宇宙内であれば、そんな事もありうるのかもしれない。はるか昔、とてつもなく圧縮され高温状態にあったビッグバンから膨張してきた宇宙はやがて、ビッグバン／ビッグクランチの合わせ鏡のような状態に収縮していくだろう。そうなれば、宇宙内に存在する物体は、想像以上にその行動を制限されてしまうのかもしれない。たとえば、おそろしく圧縮されたビッグクランチ宇宙内では、天の川のような銀河は、宇宙の「未来記憶」による制約を受けることだろう。それはちょうど、最終条件(制約)が与えられたスペイン語クラスの学生たちが、毎週、金曜の夜になると、同じ部屋に集まって来るようなものだ。「まさにこうした状況を生み出したものこそ、無秩序を秩序へと変える最終条件なのだ。ということは、時間の矢が逆行することもありうるのである」。

この可能性を初めて指摘したのは、コーネル大学の天文学者トマス・ゴールドだった。一九五八年のことである。ゴールドの主張にはその後、誤りがあることがわかったのだが、一九七〇年代になるとシュルマンは、そのゴールドの結論をより厳密な論法を用いて立証したのだった。宇宙の終焉に見られるビッグクランチがとてつもなく秩序立った状態にあるなら、「宇宙が収縮していく未来」における時間の矢は、逆行するだろう。(4) つまり、宇宙がビッグクランチまで収縮してしまえば、冷却された物体は熱を帯びはじめ、ローソクや恒星は光を吸収し、あらゆる生物は墓場からゆりかごへと戻っていくだろう。シュルマンが描いてみせたのは、こうした世界だったのだ。

ところが驚いたことに、「宇宙が収縮していく未来」に生きる人々の目に映るものは、特別なものではないらしい。「時間の矢が逆行しているために、彼らの目にはすべてが逆向きに流れているように映るのだ」とシュルマンは述べている。「後ろ向きに収縮する宇宙とはまさに、膨張する宇宙なのだ。とすれば、われわれ同様、未来に住まう誰の目にも、膨張している宇宙の姿が映し出されることだろう！」

ここで何より驚くのは、時間の矢が、膨張と収縮を繰り返す宇宙の動きと密接に連動しているという点だ。現在、宇宙は膨張しているらしい。そしてまた、宇宙を構成する複数の銀河は、こっぱ微塵に飛び散っているようだ。それはちょうど、ビッグバンの余波を受けて散らばったかけらのようでもある。「これこそが、コーヒーが温まらずに、冷めてしまう究極の原因にほかならない」とシュルマンは言う。「というのも、クェーサー3C273が、地球から遠ざかっているからなのだ」。

時間の矢がマグカップなどに対して、なぜそんな風に作用しているのかを思い出してみよう。それは、マグカップが秩序立った状態から始まっているからなのだ。こうして、時間の矢が、宇宙のいたるところで一方向に流れているのは、宇宙そのものが非常に秩序立った状態から始まっているためということになる。しかも、その状態には十分想像がつくのだ。宇宙は現在、膨張しているということは、かつての宇宙は、現在のそれより小さかったにちがいない。逆回しされている映画のような、逆向きの膨張を頭に思い浮かべてみよう。すると、およそ一二〇億から一四〇億年前の、森羅万象がおそろしく小さく圧縮されていた時点にまで想いを馳せることができるだろう。それこそが時間の始まりである「ビッグバン」なのだ。

コーヒーが冷め、人々が老いていき、建物が朽ち果てていくのは、ビッグバン内の宇宙が、おそろしく秩序立った状態にあったためなのである。では、それはなぜなのか？　その謎を解き明かすことができれば、間違いなくノーベル賞を受賞できるだろう。

逆向きの矢と共存する

驚いたことに、以上の点は、これといって物議をかもしてはいない。物理学者は長年、時間の矢が前向きにも、後ろ向きにも進みうると考えてきた。問題は、初期条件か最終条件のいずれかなのだ。つまり大切なのは、制約が加えられるのが、過去の時点なのか、それとも未来の時点なのかという点なのである。ところが現在まで、こうした相反する時間の流れが共存しうる可能性については、ほとんど考慮されることがなかった。単純に言えば、時間が逆流する領域は、あまりにもろく、あまりに壊れやすいというわけだ。「ここで、スヌーカーゲームのことを考えてみよう。このゲームではボールが三角形のフォーメーションを組んで並べられる。そして、キューボールが当てられると、そのフォーメーションが崩れ、ボールはテーブルの隅へと散らばっていく」とシュルマンは説明する。「では、今度は時間が逆流する場合を考えてみよう」。

　シュルマンによれば、ボールが、通ってきた道を正確に辿り直して元のフォーメーションを作るには、途方もない数の条件が重なり合う必要があるという。通常の時間領域とほんの少しでも関わってしまえば空間が乱されてしまい、すべてが台無しになってしまう恐れがあるのだ。たとえば、元通りのフォーメーションに向かって集まっていくボールを見た誰かが発する驚愕の叫び声――それがどんなに小さな声であっても――を耳にしてしまう場合などがそうである。「というわけで、時間が逆流する領域は、通常の時間領域と関わってしまえば、あっという間に崩壊してしまうとされてきたのだ」とシュルマンは述べている。「シリウス近傍にある電子一個が振動するだけで、地球上の『逆行する時間の矢』は崩壊してしまうことすらありうるのである」(5)。

「けれども、この議論には致命的な欠陥がある」とシュルマンは述べている。「逆行する時間の矢を破壊してしまうような通常の時間領域には、ある意味で、特権的な地位が与えられていると思われがちだが、現実はそうではない。時間の矢には実際、完璧な対称性が備わっているのだ。逆流する時間領域も同じように、前向きに進む時間の矢を破壊してしまうのである。ここで確かなのは、二つの時間領域が相互作用した場合、それぞれの時間の矢は、破壊されてしまうか、無傷のまま残るかのいずれかであるという点なのだ」。

物理学者であればまず、時間の矢が二本とも破壊されてしまうと考えるはずだ。時間が逆流する領域が共存しているという発想は、あまりにばかげていて掘り下げて考えられることもなかった。ところが、シュルマンはごく単純なコンピュータモデルを頼りに、大半の物理学者が過ちを犯していることを示したのだ。二つの領域間の相互作用が、ごく弱いものであれば、相反する時間の矢は、共存しうるというのである。

シュルマンによれば、このコンピュータモデルには、閉じた箱の中を飛び回っている気体粒子の本質的な特徴が現れているという。二種類の気体が、別々の箱に入れられている。一つ目の箱では、気体粒子が一方の隅から運動を始めるような仕掛けになっている。時間の経過とともに、その粒子はしだいに広がって箱全体に充満していく。秩序から無秩序への変化は、「通常の時間の矢」の特徴である。ところが、二つ目の箱では、粒子はありとあらゆる場所から運動を開始し、最終的に一方の隅に落ち着くような仕掛けになっている。無秩序から秩序へのこうした移り行きには、逆行する時間の矢が伴うことになるのだ。

相反する時間の矢を備えた二種類の気体を用意することでシュルマンは、その二種類を相互作用させようとしているのだ。つまりシュルマンは、コンピュータモデルを駆使して、一方の気体の状態が、もう一方の気体のそれにごくわずかでも影響をおよぼすようにしているのである。

これまでの学説では、気体が相互作用する場合には必ず、互いの「時間の矢」は消滅してしまうとされている。つまり、あまりに無秩序に拡散した気体には、それ以上の状態変化などありえないというわけだ。実際そうした状態では、気体には、時間の矢など存在しない。これに対して、シュルマンが発見した事実とは、どちら向きの時間の矢であっても、まず破壊されることはないというものだ。大方の期待に反して、どちらの矢も非常に丈夫なために、少しぐらいの相互作用ではびくともしないというわけである。

この点は非常に重要だ。「宇宙にはおそらく(しかも、はるかかなたにではなく)時間が逆流する場所が存在する可能性がある」。こう、シュルマンは述べている。「そこでは、卵は割れることもなく、コーヒーからはミルクが跳ね出し、誰もが、年を追うごとに若返っていくというわけだ」。

時間が逆流する領域を目の当たりにする

「相反する二つの時間領域が、ほどよく交わっている限りでは、それぞれの時間の矢は破壊されることがない」。シュルマンが突き止めたこの事実は、それだけでも十分注目に値する。ところが、シュルマンはさらにもう一つ、驚くべき事実を示してみせたのだった。「そうした二つの領域の住人は実際、出会う可能性があるのだ」。

「相反する二つの時間領域は、共存しうるのか」という問題は言い換えれば、そうした時間領域の間を威勢よく往来する光は、数学的に一貫した（無矛盾な）方法で記述できるのかという問題である。驚くべきことにシュルマンは、そうした方法があるというのだ。「われわれには、時間が逆流する領域、つまりは光がその源にまで戻っていく領域を目の当たりにすることができる。また、時間が逆流する領域の住民が、こちらの世界を目の当たりにすることもできるのだ」。シュルマンはまた、こうも続けている。「われわれ一人ひとりにとって、光を捉え伝達するというのはごく当たり前の現象だ。時計を使えば、時間が逆流する領域の住人を、連続した時間内で捉えることができるだろうし、あちらの世界の住人にしても、時計を使えば、こちらを連続した時間内で捉えることができるだろう」。

マーティン・エイミスが、力強い筆致で描いた感動的な小説『時の矢』では、ナチスの戦犯が人生をたどりなおし、自分が罪を犯した現場へと戻っていく。もっともエイミスにしてみれば、この逆行する時の流れとは、物語全体に恐ろしいまでの重みを与えるための「道具立て」にすぎなかった。物語の結末には実際、アウシュヴィッツを舞台にした避けがたい運命が用意されていたのである。シュルマンによれば、エイミスが描いたような世界が実在するなら、原理的にはそれを離れた場所から観察することができるという。「つまり歴史は、ちょうど逆回しされている映画を見るように眺めることができるはずだ」というのである。

時間が逆流する領域を眺めた場合でも、不都合なことは何も起こらないことをシュルマンは示しているのだが、それでもまだこの問題に取り組むには厄介なパラドックスがいくつも残っている。たとえば、次のようなシナリオを思い浮かべてみよう。ごく普通に時間が流れる領域の観察者(仮に「アリス」としておこう)が、開いた窓から、逆流する時間領域に住む人物(仮に「ボブ」としよう)のカーペットを雨が濡らしているのを目にしたとするのだ。アリスには、ボブの領域で雨が降り出すのを待ってから、「窓を閉めて!」と大声で呼びかけるだけの余裕があるだろう。しかし、仮にボブが言われた通りに窓を閉めたとしても、肝心のカーペットが実際に濡れることはないのだから、アリスとしてはもうそれ以上、何も言う気にはならないだろう。では、ボブの家の床は、濡れていたのだろうか、濡れていなかったのだろうか? シュルマンの推測によれば、この「カーペットのパラドックス」は、問題を注意深く設定しさえすれば、氷解してしまうのだという。

シュルマンに言わせれば、こうしたパラドックスが生じてしまうのは、初期条件と最終条件にすべての原因があるからなのだそうだ。「そうした条件を押しつけてしまえば、問題の出来事など、いっさい起こりえないのかもしれない。数学的に言えば、問題の出来事など、問題解決とはまったく無縁のものなのだ」とシュルマンは言う。「はっきりしているのは、問題の出来事が起きないようにしておけば、パラドックスになど悩まされることもないということである」。

別の可能性もある。それは、何らかの中間的な出来事が起こり、パラドックスが「解消されてしまう」というものだ。「窓が開いているのを見たアリスは、ボブに向かって大声で叫びかけることになる。ところが、肝心のメッセージは、あいまいにしか伝えられないために、ボブは窓を閉めることがないのだ」。

ところで、シュルマンが考え出したシナリオとは、こうである。「アリスは、ほんの少し開いているボブの家の窓越に、カーペットがわずかに湿っていることを知る。アリスはボブに、注意すべきなのだろうか？　アリスは一瞬ためらいながらも、ボブにメッセージを伝えようとする。ところがそれは、『雨が降りそうなら、窓を閉めたらいいじゃない』といった感じの、どちらかといえば消極的な警告だ。新鮮な空気が好きなボブは、アリスの警告が無理強いではないと判断し、雨が降るという予想になどおかまいなく、窓を閉め切ってはしまわずに少しだけ開けておくだろう。これはこれで、首尾一貫した問題解決法なのだ」。

時間はなぜ、逆流するのか？

宇宙で、相反する時間の矢が共存しうるという事実が探り当てられたことで、「時間が逆流する領域」が、そう遠くはない場所に存在しているという可能性が出てきた。シュルマンによれば、そうした領域は、天の川銀河に存在している可能性すらあるというのだ。では、時間が逆流する領域はどんな風に生み出されたのだろう？　というのも、ビッグバン／ビッグクランチ宇宙に住んでいる場合ですら、そうした領域が生まれるのは、宇宙が収縮した時に限っての話であり、しかも、それは、はるか先の出来事だからである。

だがその場合ですら、人類が立てている無邪気な予想は、まったくの的外れに終わってしまうのかもしれない。シュルマンによれば、ビッグバン／ビッグクランチ宇宙では、宇宙を膨張させている「前向きに流れる時間」の名残が、収縮する宇宙内に残留するはずだという。「同じように、宇宙を収縮させている『逆流する時間』の名残が、膨張している宇宙内に残留する可能性がある」というのである。

ここには、ビッグバン／ビッグクランチ宇宙における時間の矢に備わった、重要な特徴が鮮やかに示されている。時間には、膨張宇宙では前向きに流れ、収縮宇宙では逆流するという性質があるため、「転換」点では、時間の矢の方向がにわかに反転するなどということは起こらない。ちなみに転換点とは、宇宙の膨張が最終的に滞り、収縮が支配的になる点だ。こうした状況下では、爆発している恒星もにわかに爆発を止め、生きとし生けるものの老いにも待ったがかかり、にわかに若返りを始めて誕生の時点にまで逆戻りするといったことも起こりうるだろう。ところが実際には、そんなことは何一つ起こらないのだ。シュルマンによれば、問題の「転換」とは、ひどくムラのある現象であるため、逆行する時間の矢はそれに伴って、徐々に生まれてくるのだそうだ。「問題の矢は、急激な変化を見せずに、膨大な時間をかけてゆっくりと変化していくのだろう。人類が、この変化に気づくことなどないだろう。もっとも、宇宙の年齢にも等しい長期記憶を持ち合わせていれば、話は別なのだが」。

　時間の矢の反転プロセスが、非常にゆっくりとしているために、この孤立した時間領域では、前向きの時間の矢が、はるか未来に、宇宙が収縮していくようになってもそのまま居残ることになるのだ。同じ理由から、これとはまったく逆に、逆向きの時間の矢が、宇宙が膨張するはるか未来にまでそのままの状態で居残ることにもなるだろう。これは、実に驚くべき点である。感情を備えた生命体がかつて存在しており、それが残した記録を手に入れることができれば、人類にも未来を「知ること」ができるだろう。

　「未来の名残が過去へと生き延びる」という発想がナンセンスに思えるのなら、次の点を思い出していただきたい。収縮宇宙にいて、逆向きに進む時間の矢を肌身で体験していれば、問題の領域は未来へ生き延びているように思えるだろう。「ここには、完璧な対称性が存在している」とシュルマンは述べている。

　ビッグバン／ビッグクランチ宇宙の住人からすれば、問題の転換点が訪れるのは一〇〇〇億年以上も先の話になるだろう。一〇〇〇億年といえば、太陽の寿命と言われる一〇〇億年をはるかにしのぐ歳月だ。最終的には、はるか未来から現在まで生き延びてきた「逆流する時間の名残」はどれも、輝く恒星すべてがはるか昔に燃え尽きてしまった時間から生まれることだろう。そうなれば、「未来の名残」とも言うべき領域は、真暗闇になってしまう可能性がある。「爆発しない恒星」のような驚くべき対象はなるほど、人類のお気に入りになるだろう。とはいえ、人類にできることと言えば、肉眼で捉えることのできる恒星や銀河におよぼされる重力を頼りに、問題の領域を探り当てることくらいなのかもしれない。しかもそれは思ったほど、わくわくするような話ではないのかもしれないのだ。ただし、そこからは注目すべき可能性も生まれている。

宇宙に存在する物質の約九〇パーセントは、光をいっさい放たないことがわかっている。「暗黒《ダーク》物質《マター》」の存在は、重力によって裏づけることができるだけなのだ。問題の重力は、肉眼で捉えることのできる恒星や銀河に影響をおよぼし、宇宙空間におけるそうした天体の運動を左右するからである。この謎めいた暗黒物質の正体についてはこれまで、膨大な仮説が生み出されてきた。ところが、これはほぼ確実なのだが、その中でも飛び抜けて奇抜なのが、シュルマンの提出した仮説なのだ。「宇宙に存在する謎めいた暗黒物質の中には、未来から時間を遡行してきた物質があるのかもしれない。もっとも、これが思索の域を出ない一つの可能性であるという点は、ここで強調しておかねばならないのだが」。

もう一つ、やや風変わりな可能性も存在する。それによれば、ビッグバン以来、一二〇億から一四〇億年の間に、宇宙の大半の物質(正確に言えば、全体の九〇パーセント)は、未来から時間を遡行してきた物質と衝突してきたのだという。「そうした衝突によって『平衡状態』にある物質が生み落とされたのかもしれない。しかも、その物質には、時間の向きなど見られないのである」とシュルマンは言う。「繰り返しになるが、それはちょうど、暗黒物質のようなものになるだろう」。

時間を巡る宇宙論原理

では、ビッグバン／ビッグクランチ宇宙の住人でない場合はどうなのだろう？　最新の天文観測によれば、互いに引き合っている全銀河の重力を一つに合わせたとしても、宇宙の膨張を食い止め、その流れを最終的に反転させることなど不可能だという。とすれば、（これには何一つ確証がないのだが）銀河同士は、互いから遠ざかっていくという運動を、永遠に続けていくのだろう。時間の終焉には、ビッグクランチなど存在しないだろう。「ところが、収縮していく宇宙は唯一、逆行する時間の矢が生じうる場所の一つだ」とシュルマンは述べている。「要になるのは、最終条件なのだ。それは、宇宙に将来加えられることになる制約なのである」。

シュルマンによれば、これは現時点ではおよびもつかないようなかたちで生じる可能性があるという。結局のところ、究極の物理学法則については、霞のかかったようなあいまいな概念しか存在せず、宇宙の未来を確実に予測することなどできないのだ。(6)「たぶん、時間が逆流する領域も、お馴染みの時間領域を生み出している謎めいた原因から生じるのだろう」とシュルマンは述べている。「つまり、宇宙がなぜ、それほどまでに秩序立った状態から始まるのかについては、何もわかっていないというわけだ。ちなみにそうした状態とは、前向きに進む時間の矢を生み出す必要条件でもある」。

この点に刺激されて、時間の方向性についてては何一つ特別なことはないという発想が生まれる。おなじみの「時間の流れ」がごく当たり前に思えるのは、それがこの宇宙では「そうなっているから」というだけのことなのだ。「おそらく宇宙の根本レベルでは、時間が進む方向など、どちら向きでもかまわないのだ」とシュルマンは述べている。

シュルマンはなるほど、相反する時間の矢には、いくつもの共通点が見られることを示したのだ。結局のところ、収縮する宇宙の住人は、逆流する時間を生きていても、われわれ同様、宇宙は膨張していると思うはずだ。こちらから見れば、「時間の終焉」にほかならないビッグクランチも、あちらから見れば「時間の始まり」であるビッグバンなのだ。逆に言えば、こちらの言うビッグバンとは、あちらの言うビッグクランチそのものなのである！　では、われわれが「収縮宇宙の住人」ではないという保証などあるのだろうか？　コーヒーが温まらずに、冷めてしまうのはなぜか？　その答えは、いたって単純だ。そんなことは、誰にもわからないのである！　シュルマンの研究からはっきり言えるのは、前向きに進む時間の矢には、取り立てて変わったところなど見られないという点だ。同じことは、逆向きに進む時間の矢についても言えるだろう。

「時間の矢」とはどうやら、知れば知るほど、概念そのものにどっぷり浸かっていかねばならなくなるような対象のようだ。こうした感触はまさに、ニューヨーク州ヨークタウン・ハイツにあるＩＢＭトーマス・Ｊ・ワトソン研究所の数学者グレゴリー・チャイティンが、ことあるごとに味わってきたものである。「著名な物理学者から、いくつもの反論が提出されてきたとはいえ、私は一貫して、時間の矢の本質を理解している者など誰もいないと確信してきた」。

＊　＊　＊

時間の矢には、「偏り」というものが見られない。シュルマンは今でも、そう考えている。もしそうなら、未来はこれまで考えられてきたものとは、まるで違ったものになるだろう。『中間領域』で、Ｌ・Ｐ・ハートリーは次のように述べている。「過去とは、別世界である。そこでは、すべてがまるで違っているのだ」。だが、ハートリーはたぶん間違っていたのだろう。というのも、歴史が過去であると同時に未来でもありうるなら、そこにはまったく別の意味が生じてしまうからだ。

歴史を定義し直そうとすれば、頭がクラクラしてしまうはずだ。ところが、そんなにきつい作業ですら、スウェーデンの若き物理学者マックス・テグマークが企てた試みに比べれば、たいしたことはないだろう。それもそのはず、テグマークの言う通りだとすれば、歴史は、たった一つであるはずがなく、ありとあらゆるかたちで無限に存在しているのであり、しかもその一つひとつには、自分と瓜二つの分身が暮らしているらしいからなのだ。

無数の実在が、ちょうど終わりのない書物のページのように存在していることを裏づけるような証拠が続々と見つかっている。

平行宇宙の量子論は、奇怪な理論的考察から生まれたいささか面倒な、随意の解釈ではない。驚くべき、反直観的な実在に対する――そして筋の通った唯一の――説明である。

デイヴィッド・ドイッチュ／林一訳『世界の究極理論は存在するか』

一つの被造物がいくつかの行動可能な途に直面すると、必ずその可能な途をすべて辿って、多くの時の次元とコスモスの歴史を創出していく信じられぬくらい複雑なコスモスがあった。コスモスのあらゆる進化過程のうちに、実に多くの被造物が存在し、それぞれが多くの可能な途に常に直面し、その途のすべてを組み合わせるとおびただしいものとなったため、無限の数の宇宙が、このコスモスから瞬間瞬間に剝離していったのである。

オラフ・ステープルドン／浜口稔訳『スターメイカー』

第2話 多世界解釈と不死

次のような情景を思い浮かべてみよう。

ガランとした実験室。中央には、白いコートを着た若い女性と初老の男性がおり、機関銃が一丁据えつけられている。若い女性はコントロールパネルの前にたたずんでいるが、その人差し指は赤いボタンの上で震えている。つとめて自信満々のそぶりを見せている老人はときおり、片手を持ち上げては、額ににじんだ汗をぬぐっている。

機関銃には、弾が発射される場合と、発射されない場合があるような細工が施されている。弾が発射されない場合、銃の引き金は、単なる「飾り」にすぎなくなるというわけだ。弾が発射されるかどうかは、完全にランダムに決められている。それはちょうど、コインを一枚投げて、表が出れば弾は発射され、裏が出れば発射されないといった感じだ。

「よし、準備はできた」。老人はそう言うと、銃口の前に躍り出る。ためらう女性。「さあ、撃ってくれ」と促す老人。「話はもうついているじゃないか。私は老いぼれだ。失うものなど何もない」。

若い女性は、唇をかみ締め、まともに老人の方を見ることができないまま、思い切って赤いボタンを押す。

女性の視点へカット

　不発

老人の視点へカット

　不発

女性の視点へカット

　不発

老人の視点へカット

　不発

女性の視点へカット

発射！　金切り声を上げ、老人に駆け寄る女性。血の海に横たわっている老人は、すでに息を引き取っている。

老人の視点へカット

不発。不発。そして再び、不発。さらに、一〇回の不発。三〇回目の不発。とうとう一〇〇回目の不発。銃口の前から立ち去る老人。勝ち誇ったように微笑みながら老人は、ホッとしているアシスタントを抱きかかえながらこう話す。「わかったかい、理論は正しいんだ。私は不死身なんだよ！」

さて、訳がわからなくなってしまっただろうか？　そうなったとしても、当然だ。女性から見れば、老人は不発が二回続いた直後に、機関銃から発射された弾丸に当たって命を落とした。一方、老人の視点に立てば、不発が一〇〇回も続いた後で、まったく無傷のまま銃口の前から立ち去ったのだ。一体どうすれば、問題の老人は半死半生の状態でいられるのだろう？　その方法は、たった一つ、実在が複数存在していると考えればよいのである。

機関銃の引き金が引かれるたびに、それが不発であるという状況と、弾丸が発射されるという状況が混在している場合《ケース》を思い浮かべていただきたい。言い換えれば、宇宙がまったく別々の実在に真二つに分かれてしまうという状況を想定していただきたいのだ。一方の実在にいる女性の目には、老人が射殺されるのが目撃され、もう一方の実在にいるその女性の分身には、問題の老人の分身が無傷のままの状態でいるように映るのである。続いて銃の引き金を引くと、同じ状態が繰り返され、宇宙がさらに二つの実在に枝分かれしていく。しかも、問題の男女の分身の数もまた二人ずつ増え、これがさらに続いていくのである。

老人が命を賭けた実験を企てたのは、まさに複数の実在が存在するという自分の信念を検証するためだった。その信念が間違っていて、実在がたった一つしかないのだとすれば、機関銃の前に躍り出た老人の行動は、間違いなく自殺行為ということになろう。だからこそ、老人は額に玉のような汗をかいていたのだ。だからこそこれは、人生も残りわずかになった老人が好んでするような実験ではない。老人が言うように、「失うものなど何もない」などということにはならないのである。ところが、もし老人の言うことが正しく、複数の実在が存在しているとすれば、その老人の分身の一人には、銃の引き金が何度引かれようが、「カチッ」という不発音しか聞こえないような実在が複数存在していることになるだろう。

「もちろん、大半の実在では、老人は実際に射殺され、女性アシスタントが恐怖のあまり金切り声を上げることになるだろう」と述べるのは、この奇妙な実験を考え出したペンシルバニア大学の物理学者マックス・テグマークである。「ところが、そしてまさにここが重要な点なのだが、問題の老人はそうした複数の実在をまったく意識することがないだろう。というのも、死んでしまうからである。この男が意識し続けることになる唯一の実在とは、自分が生き残った複数の実在だけだろう。したがって、不発が五〇回、一〇〇回、二〇〇回と繰り返された場合でも、老人は機関銃の銃口の前から立ち去り、自分を不死身の男と思ってしまうのは当然だったのである」。

だが、起こりうるすべての歴史が展開されていく「複数の実在」という発想は、本当にSFの世界だけの話なのだろうか？「とんでもない」とテグマークは言う。「複数の実在を信じる物理学者の数は、日ごとに増えているのだ」。なぜか？　それはたぶん、現代科学における最大の謎が解き明かされるかもしれないからである。原子の世界が、ヒトや木や机で構成されている日常世界とは、まるで違う動きを見せている理由が氷解してしまうかもしれないのである。

複数の場所

物質を作りなしている原子や、その構成素のような「組み立てブロック」についての理論は、量子論と呼ばれている。そしてこの量子論の成功にはめざましいものがある。実際、量子論はこれまで生み出されてきた科学理論の中でも、最も成功を収めている理論とされているのだ。量子予測はこれまで、無数の実験を通じて微小世界の存在を裏づけてきた。量子論のおかげで現代世界は成り立っているのである。それは、コンピュータをはじめ、レーザや原子炉へ応用されてきただけでなく、地球が固体であることや、太陽が輝いている理由を説明する場合にも重宝がられてきた。

量子論が収めた成功は、あまりに膨大で、あまりにめざましいものであるために、そこに宇宙真理の大半が収められていることには疑いの余地がないようだ。ところが、量子論が教えてくれるのは、原子などの驚くべき性質ばかりではない。つまり、原子が複数の場所に同時に存在しうるという事実を示してくれるだけではないのである。

量子論とは、単なる理論ではない。実際、原子一個が二つの場所に同時に存在している痕跡を観測することができるからである。よく知られた物理実験では、光子をはじめ、電子、完全な原子といった原子領域の粒子が、弾丸のように壁に向かって発射される。その壁には、二つの垂直スリットが隣り合わせに入れられている。こうした「ダブル・スリット」実験を無数に繰り返した結果を付き合わせると、各粒子はなんと、二つのスリットを同時に通過しているのだ！

原子に備わったこの奇妙な特性は、物理学者をおおいに悩ませている。原子が複数の場所に同時に存在しうるのはなぜか？　その一方で、机や、樹木や、鉛筆といった、原子が集まってできた大きな対象が、同時に複数の場所に存在しえないのはなぜなのか？　原子という微視的世界と、巨視的な日常世界との違いを埋めることは、量子論を解釈する際の中心問題であることがわかっている。

一九二〇年代に量子論が誕生して以来、広く受け入れられてきた標準的な解釈によれば、原子の世界と、樹木や机の世界とは、まるで違うことが明らかになっている。次に量子論は、一方の世界をもう一方の世界へ翻訳するレシピを考え出すことになった。いわゆる「コペンハーゲン解釈(量子論の草分けとなった物理学者が本拠地にしていたデンマークの首都の名にちなんでこう呼ばれる)」によれば、原子のような微小粒子を「観測する」という行為はとりわけ重要だ。観測するという行為によって、こちらが望んだ場所に粒子が収まることになり、その場所が一つに絞られてしまうのである。つまり、その場所は、粒子が存在可能な無数の場所から選び出されたというわけだ。この狂気沙汰の振る舞いは、観測が行われる瞬間までは生じない。観測が済んでしまえば、粒子は、はっきりと位置の定まった対象として振る舞うのである。(7)

ダブル・スリット実験についてのコペンハーゲン解釈によれば、各粒子は、壁に開けられた二つのスリットを同時に通過することができるのだが、それが可能なのは、観測が行われていない場合だけである。実験者がスリット近くに何らかの検知器を備えつけ、粒子がどちらのスリットを通過するのかを確かめようと思った瞬間に、まさにその行為によって、素粒子の振る舞いは観測者の認識を作り上げ、いずれか一つのスリットを通過することになってしまうのだ。

多世界

実際、コペンハーゲン解釈によれば、量子論には原子のような微小な対象を記述することは可能だが、机のような大きな対象を記述することは不可能だという。とはいえ、微視的な原子世界と、巨視的な日常世界との違いをもっと簡単に埋める方法は存在する。それが一九五七年にヒュー・エヴァレット三世という名のプリンストン大学院生によって提出された解釈だった。その解釈を受けて、テグマークはこう述べている。「『多世界解釈』によれば(エヴァレットは博士論文をこう切り出している)、量子論は原子だけではなくあらゆる対象に応用できるのだ。つまり、机の世界は、原子の世界とまったく同じなのである」。

ちょっと待っていただきたい。エヴァレットは、机が複数の場所に同時に存在しうると、本気で言っていたのだろうか？「そう、それがまさにエヴァレットが言っていたことなのだ」とテグマークは言う。けれどもそれは、狂気じみた話だ。いまだかつて、枝分かれ状態で存在する机を目にした者などいないからである。「だが、まったくその通りなのだ」とテグマークは言う。「しかも、エヴァレットは、この点についてもある説明を加えていた。二つの場所に同時に存在している机を観測する場合、見る者の心も同じように二つの状態に同時に存在するということになるだろう。その状態とは、ある場所で机を見ておきながら、同じ机を別の場所でも見るという状態なのだ！」

実際、見る側にも自分の分身が現れ、そのそれぞれが、机の分身が存在する世界を眺めているのだ。テグマークは言う。「だからこそ、世間ではエヴァレットの発想を『多世界解釈』と呼ぶのだが、より正確に言うならそれは、『多心解釈』と言うべきなのだろう」。

量子系を、複数の糸が束になったような原子と考えてみよう。多世界では、束を構成する糸の数だけ実在が存在している。ところがコペンハーゲン解釈によれば、この束は、観測を通じてそこから一本の糸が選び出され、それに確固とした存在が与えられて「実在」になるまでは、あらゆる可能性が亡霊のように寄せ集まったものにすぎないのだという。

実在がたった一つであるという発想を捨て、その代わりに複数の実在を受け入れることは、大きな一歩である。エヴァレットがそうしていれば、間違いなく大きな成果が得られていただろう。現時点からすれば、間違いなくそうなっていたはずだ。多世界解釈に頼るなら、ひどく厄介な特性を持つこの「世界」にも説明がつく。微小粒子が壁に開けられた二つのスリットを同時に通過するという現象を考えてみればよい。それぞれの粒子が、二つのスリットを通過するという証拠は、粒子が壁の向こう側に置かれたフラットスクリーンに残しているはっきりしたパターンから明らかになっている。これは「干渉パターン」と呼ばれる。

問題のスクリーンのある部分には、粒子がぶつかるのだが、他の部分には、その痕跡がいっさい見られない。粒子がぶつかった場所は黒く見え、そうでない場所は白く見えるとしよう。実験が始まってしばらくすると、いくつもの粒子が二つのスリットを通過するわけだが、その結果スクリーンには、白黒の縞模様が多数垂直に描かれることになるだろう。この縞模様こそ、問題の干渉パターンにほかならないのだ。

こうした干渉パターンを生み出すには、一つのスリットを通過する粒子が、もう一方のスリットを通過する粒子と交じり合うか「干渉し合う」必要がある。複数の粒子が、一方のスリットだけを通過するのであれば、干渉パターンなどできるはずもない。そう、驚くべき点は、複数の粒子が壁めがけて同時に発射された場合ですら、しかも、時間をかなりおいて発射された場合ですら、干渉パターンが生み出されてしまうという点なのだ。ということは、一個の粒子が、それ自体と何らかのかたちで干渉し合うことができるという事実を受け入れねばならないのだろうか？

多世界解釈によれば、答えは「ノー」である。一個の粒子は、それ自体とは干渉することがない。そんなことはありえないからだ。いや、実際に起こっているのは、もう一つのスリットを通過する粒子との干渉なのである。ちょっと待っていただきたい。では、もう一つの粒子とは何を指すのか？　答えはいたって簡単だ。ただし、にわかには信じがたい話なのだが。問題の粒子とは、すぐ隣にある実在に存在している別の粒子なのだ！　多世界解釈によれば、学生でもできるような簡単な机上実験のおかげで、複数の実在が存在するという驚天動地の確証が得られつつあるのだという。

　この「ダブル・スリット」実験には、「多世界」と呼ばれる複数の実在に備わったとてつもなく重要な特性が鮮やかに現れている。実在が枝分かれすることで生じた実在は、再び関わり合うことがないにもかかわらず、バラバラの道を歩むことはない。少なくともそうする必要がないのだ。複数に枝分かれした実在は平行状態にあるが、やがて一つになり互いに干渉する可能性が出てくる。たとえば、ダブル・スリット実験の場合、枝分かれしたそれぞれの実在に存在する粒子は、再び干渉し合い、スクリーン上に干渉パターンを生み出すのである。「枝分かれした実在間にこうした干渉が見られないとすれば、多世界は恐ろしく退屈なものになり、ひいては多世界解釈そのものが説明原理としては何の意味もなさなくなるはずだ」とテグマークは言う。

　ところが、枝分かれした実在同士が干渉するとはいえ、それは限られたものになるだろう。たとえば、複数の実在が干渉し合ったとしても、日常世界にはこれといった痕跡が残らない。あるいは、こうした現象を裏づける、家庭でも行えるような手軽な実験などあるわけもない。ところが、こうした奇妙な影響が、巨視的世界にはいっさいおよぼされないというのが量子論の一般特性なのだ。

　説明原理としての多世界解釈に備わった力量は、現実には「量子コンピュータ」に姿を変えている。現在、物理学の世界で話題騒然となっている量子コンピュータの場合、実験者は複数の場所に同時に存在しうる原子のような粒子の潜在力を巧みに操ることで、大量の計算を一気に行おうと目論んでいるのだ。

ところが、この分野はまだ未熟な段階にあるために、現在までに作り出された最速の量子コンピュータですら、処理できる二進数字（ビット）は、ほんのわずかなものでしかない。これに比べれば、従来のコンピュータが処理できる能力ははるかに膨大で、数億ビットにものぼる。とはいえ、はるかに強力な量子コンピュータが向こう一〇年ないしは二〇年内に登場することはないという発想には、まるで根拠がない。そうしたコンピュータ（それはある意味で究極のコンピュータなのだが）が登場すれば、従来のコンピュータなど間違いなく時代遅れの代物に見えてしまうだろう。そうした量子コンピュータを使えば、従来のコンピュータであれば、宇宙の年齢よりもはるかに長い歳月をかけなければ処理できなかったある種の問題群が、数秒のうちに氷解してしまうのかもしれない。ところが、量子コンピュータに備わった恐るべき潜在力はこんなものではないのだ。「ソロバンと世界最速のスーパーコンピュータの違いを考えてみよう」とサイエンス・ライターのジュリアン・ブラウンは言う。「それでもまだ、現行のコンピュータに比べ、量子コンピュータがどれほど強力なものであるかを想像することはできないだろう」。

まさにこの点こそが、量子コンピュータにまつわる中心問題の一つなのだ。それは、量子コンピュータの驚くべき能力を解明するという問題である。未来に目を転じてみれば、膨大な計算を同時に行うことが可能な非常に優れた量子コンピュータを思い浮かべることはたやすいだろう。実際、はるか未来に思いを馳せれば、そうした量子コンピュータが登場する可能性を打ち消すようなものは、原理的にはいっさい存在しないだろう。つまり、宇宙に存在する素粒子の数よりも多くの計算を、一回の演算で行いうるほど強力な量子コンピュータが誕生する可能性があるのだ。ここで言う素粒子とは、宇宙を構成する究極の「組み立てブロック」とも言うべき原子の構成素なのである。

ここから、さらに興味深い問題が生じる。オックスフォード大学の物理学者デイヴィッド・ドイッチュが問いかけているように、そうした計算は、どこで行われるのだろう？　結局のところ、量子コンピュータが宇宙に存在する量子の数よりも多くの計算を瞬時に行っているのであれば、宇宙には、量子コンピュータの計算能力を支えるだけの物理的資源などいっさい存在しないはずである。テグマークらによれば、多世界解釈とは、こうした難問に対する、ごく自然だが途方もない解答なのだという。量子コンピュータには、計算を実行するのに必要な資源は、十分にある。なぜなら、量子コンピュータが頼りにしているのが、たった一つの宇宙ではないからだ。「量子計算の各部分はある意味で、それに見合ったさまざまな実在で行われているのである。奇妙に思えるかもしれないが、量子コンピュータは、膨大な数の平行宇宙に存在している無数の分身を酷使して、計算を行っているのだ」。こうテグマークは述べている。

手元の量子パソコンで、問題を解いているとしよう。その場合、問題は、無限に存在している量子パソコンの「分身」が、一斉に処理することになるだろう。その結果、一秒後には、それぞれの実在で行われた計算が一つにまとめられ、それが答えとなって、パソコン画面にはじき出されてくるというわけだ。

ここで、肝に銘じておく点がある。通常のコンピュータであれば、並列計算プログラムを与えられた場合、最終的にすべての計算結果をはじき出す自由度も与えられている。ところが量子コンピュータの場合には、非常に特殊な計算結果を、たった一つしかはじき出せないのである。「というわけで、役に立つ計算方法を生み出そうと思えば、身を粉にして働かねばならない。この点を肝に銘じ、量子コンピュータの可能性を過大評価しないことが大切なのだ」。テグマークも、こう述べている。

とはいえ、量子コンピュータが、前代未聞の計算速度で情報を処理できるというのも事実だ。だが、量子コンピュータの凄さは、それだけにとどまらない。「量子コンピュータの凄いところは、それが平行宇宙間の共同作業を可能にする人類初の発明機械であるという点なのだ」とテグマークは言う。

一つの実在しか体験できない理由

「多世界」という概念に頼れば、量子コンピュータや壁に開けた二つのスリットを通過する微小粒子の振る舞いにも説明がつく。ところが、逆説めくのだが、ここにはまた、多世界解釈が抱える重大な問題が鮮やかに示されてもいるのだ。多世界解釈を用いて、無限の平行宇宙を直接体験できるかどうかは、量子コンピュータの性能と微小粒子次第である。だがもし、量子コンピュータと原子が、複数の実在からなる世界に存在しているとすれば、われわれはなぜ、たった一つの実在しか体験できないのだろう？

　この問題に対する明確な答えが得られなかったために、多世界解釈は何十年もの間ほとんど省みられることがなかった。とはいえ、物理学者は、悪夢のように増殖していく実在を前にして、恐怖におののいていたわけではなかった。もっとも、実際にはそういう場合もあったのだが。実際、物理学者が多世界という発想をなかなか認めようとしないのは、アルコールや脳震盪のせいで正常な判断ができなくなっている場合は別として、複数の実在を実際に目の当たりにすることがないのはなぜかという、厄介な問題が解決できないでいたからである。つまり、多世界解釈が明らかにしているのは、原子はもちろん、鉛筆や机までもが、同時に複数の場所に存在しうるという点なのだ。事実、この解釈によれば、鉛筆がその先端部分で見事にバランスを取っている場合、それは同時にあらゆる方向へ倒れていくと考えることすら可能なのである。

　多世界解釈を提出した一九五七年の時点で、エヴァレットは、鉛筆が同時にあらゆる方向へ倒れることがない理由を説明することができなかった。実際、それが実現したのは、一九七〇年代から一九八〇年代にかけてのことだった。つまり、こうした現象に理論的な解釈が加えられるようになったのは、ドイツはハイデルベルク大学のハインツ－ディーター・ゼーと、ニューメキシコにあるロスアラモス国立研究所のヴォジチェック・ズーレックが、「環境によって誘発されるデコヒーレンス」（あるいは単に「デコヒーレンス」）という強烈なインパクトを持つ概念を頼りに、ある現象を研究するようになってからのことだった。

重要なのは、原子などが同時に複数の状態に存在しうるという「重ね合わせ」が、非常に不安定な状態であるという点だ。重ね合わせが唯一成立しうるのは、分裂状態にある対象が、その環境から完全に乖離している場合だけなのだ。つまり、ほんの少しでも外界と関わってしまえば、問題の「重ね合わせ」はデコヒーレンスによって、崩れ去ってしまうだろう。

ゼーとズーレックによれば、外界との相互作用は最小限に抑えられねばならないという。芯の先で立っている鉛筆に当たって跳ね返る光子が一個でもあれば、問題の孤立状態を打ち崩すには十分であり、その結果、鉛筆は一方向に倒れていくことになる。この場合、光子が果たしている役割とは、「鉛筆についての情報」を残りの世界へと伝えることなのだ。「それはあたかも、分裂していく量子の振る舞いが謎そのものであるかのようだ」とテグマークは言う。「だがいったん、その謎が外部世界に解き明かされてしまえば、それは謎ではなくなってしまう。その結果、不気味な振る舞いは存在しなくなるのだ」。

鉛筆のような巨視的対象は常に、空気分子や光子の衝撃にさらされている。その結果、量子の謎は、猛烈な速さで外部世界へと漏れ出していく。芯の先でバランスを取っている鉛筆が、たまたま重ね合わせの状態にあって、あらゆる方向めがけて同時に倒れようとしている場合、ほんの一瞬でそれは、デコヒーレントな状態へと変ってしまうだろう。この「一瞬」に比べれば、瞬きする「瞬間」など永遠に思えてしまうはずだ。あらゆる思考プロセスによって認識される前に、分裂状態にある鉛筆は、ごくありふれた鉛筆へと姿を変え、一方向にしか倒れていかなくなるのである。

ゼーとズーレックによれば、ある対象が同時に複数の場所に存在しているように見えるかどうかは、それが周囲から隔離されているかどうかにかかっているのだという。量子が見せる不気味な振る舞いが、本質的に原子のような微視的対象の特性であって、鉛筆や机のような巨視的対象のそれではないと考えるのは誤りだ。微視的対象が、量子的な振る舞いを見せることができるのは、それらが、巨視的対象よりもコヒーレントな状態になりやすいからである。この事実は実際、量子コンピュータ開発者の悩みの種になっている。複数の場所に同時に存在しうるという原子の特性を活用できるかどうかは、量子コンピュータを周囲の環境からどの程度隔離できるかにかかっているのだ(8)。

「デコヒーレンス」という発想の要は、ある対象が光子ないしは分子一個と衝突することで、量子の本質が破壊されうるとする点にある。それほど微小な対象に、劇《カタストロフィック》的な効果が備わっている(量子がひどく脆い存在であるという点も)とは、とても信じがたい。では、光子や分子は、対象に備わった量子特性を破壊するために、どんな振る舞いを見せているのだろうか？　これこそまさに、問題の要である。ところがこの点については、物理学者は何の役にも立たない。「残念ながら、私は数学的な解釈以外、この点を明快に説明しうる道具をいっさい持ち合わせていない」とテグマークは認めている。「そんなものがあれば、ぜひ教えて欲しいものだ！」

こうして、デコヒーレンスは実用的な問題となる。デコヒーレンスのおかげで、鉛筆のような巨視的対象が、複数の場所に同時に存在することを目の当たりにできないのだ。なぜなら、そうした対象を、周囲の環境から隔離することが難しいからである。とはいえ、原理的には、そうした事実を目の当たりにすることは可能なのだ。ひょっとしたら、それを具体的なかたちで示すことすら可能なのかもしれない。実際、対象を周囲の環境から隔離する技術には、ますます磨きがかけられているからである。ウィーン大学のアントン・ツァイリンガー率いる研究チームはすでに、複数のウイルスに二重スリットを通過させることで、比較的大きな対象でも二つの場所に同時に存在することが可能になるような状況を生み出そうとしている。もし、肉眼で捉えることのできる対象を使った実験が成功すれば、どうだろう？　そうなれば、あらゆる状態が畳み込まれた「重ね合わせ」に存在する対象を目の当たりにすることもできるのだろうか？　ゼーとズーレックが置かれている苦境は、ほんのつかの間のものにすぎないのだろうか？

テグマークに言わせれば、そんなことはないという。一般に考えられているところでは、「ニューロン」と呼ばれる脳細胞は、電気パルス、つまりは「発火」と呼ばれるプロセスを伝達することにより、「意識された思考」内で重要な役割を果たしている。テグマークによれば、一つの対象が同時に二つの場所で知覚されるためには、少なくとも脳内のニューロン一個が同時に、発火状態とそうでない状態にならなければならないだろうという。ところが、テグマークが指摘するように、そうした重ね合わせは、脳内の混乱した環境ではそう長くは隔離状態のままではいられないのだ。脳内では、一瞬のうちに、水分子等がニューロンと衝突してしまい、その結果、重ね合わせが崩れ去ってしまうからである。「それがあまりに一瞬の出来事であるために、思考プロセスには、その記録がいっさい残りえないのだ」とテグマークは言う。「だから、仮に大きな対象をその周囲の環境から隔離することができたにせよ、その対象が複数の場所に同時に存在している状態を目の当たりにすることなど不可能なのだ」。

ここで残る唯一の問題は、通常の思考プロセスから、なぜ精神状態の重ね合わせが生じるのかというものだ。たとえば、空腹であると同時に空腹でないという状態などありうるのだろうか？「繰り返しになるが、脳内のデコヒーレンスは、およそ考えられる思考プロセスよりもはるかに短時間で生じるため、脳は、不気味な重ね合わせから保護されることになるのである」とテグマークは言う。

どうしても知りたい「多世界」の存在

デコヒーレンス理論のおかげで、複数の実在を直接捉えることができない理由が明らかになるというのが、多くの物理学者が率先して多世界解釈を支持しようとする主な理由の一つである。イギリスはケンブリッジにあるアイザック・ニュートン研究所で開かれた量子コンピュータの会議で、テグマークはある非公式の調査を行った。一九九九年七月のことである。会議参加者が量子論に関してどんな解釈を支持しているのかを明らかにしようとしてのことだった。調査結果は、実に驚くべきものだった。「七〇年以上にもおよぶ量子論の歴史で初めて、ほとんどの科学者が、標準的なコペンハーゲン解釈を支持していなかったからだ」とテグマークは言う。「ところが驚いたことに、コペンハーゲン解釈の対抗馬になったのが、多世界解釈だったのだ。実際、多世界解釈支持派の数は、コペンハーゲン解釈支持派のほぼ一〇倍だったからだ」。

つまり、無限の実在が、さながら終わりのない書物のページのように重ね合わされるという発想を受け入れている物理学者の数が増えつつあるというわけだ。自分の分身が無限に存在しており、無限の平行宇宙内で無限の人生を送っている。そんなこともありうると考える物理学者が勢力を伸ばしているのである。平行宇宙のいくつかでは、本書を開くこともなく、文章を読み始めることも決してないような「自分の分身」が存在しているのだ。別の実在では、まったく違った生い立ちを持ち、似ても似つかない関心を増長させ、まったく違う友人を作っているなどということも大いにありうるのである。「ウルトラバースでは」と小説家のマーティン・エイミスは言う。「宇宙と惑星とは無限に存在しており、無限の中ではすべてが無限に繰り返されているのだ！」[9]

隣り合わせに存在する実在同士は、実によく似ている。たとえば両者は、一方の実在では原子粒子が壁に開けられた左のスリットを通過し、もう一方の実在では、右のスリットを通過するといったかたちでは、区別することができないだろう。こうした些細な出来事が起きる何十億年もの間、この二つの実在は、同じ歴史を共有していたのだ。

バラバラにされている実在は、互いにまったく異なっている可能性がある。たとえば、実在が無限に存在している場合、六五〇〇万年前に彗星の衝突によって大打撃をこうむらなかったために、恐竜が知的生物へと進化した地球が存在している。また、産業革命がイギリスではなく中国で始まった地球や、マリリン・モンローがアインシュタインと結婚した地球や、第二次世界大戦でナチスが世界制覇を遂げた地球が存在しているのだ。ドイツがアメリカ合衆国の大西洋側を占領し、日本がその太平洋側を占領することになる未来は、フィリップ・Ｋ・ディックの古典的ＳＦ『高い城の男』に描かれていた。

ところが支持派が主張するように、多世界とは、決してＳＦの世界の話ではない。それは、「究極の実在像」なのだ。おまけにそれは、検証可能なのである。少なくともこれが、テグマークの主張なのだ。

テグマークが提案している実験によれば、気まぐれな機関銃の発射は、電子のような微細粒子の「量子スピン」によって制御されている。量子スピンは、唯一可能な二つの方向のうちの一つを指し示すことができる。その方向とは従来、「上」と「下」だった。スピンは、上向きになる確率が五〇パーセントで、下向きになる確率も五〇パーセントである。微妙な点は違うものの、それはちょうど、コインを投げるようなものだ。コインをはじく方向性と勢い、そしてそれが空中を通過するときの軌跡がわかっていれば、表と裏のどちらが出るかは原理的に予想可能なのだ。それとは対照的に、量子スピンは本質的に予測不可能である。それは、完璧にランダムなコイン投げなのだ。

テグマークは、次のような機関銃実験を提案している。粒子のスピンが測定の結果、上向きとわかった場合には弾丸が発射され、下向きの場合には、引き金の音がするだけ、というものである。

実験助手の女性は、一回目のスピン計測後では、老人の生存確率が五〇パーセントであり、二回目の計測後には、その確率は二五パーセントに落ち、さらに三回目には一二・五パーセントになってしまうという事実を心得ている。「一〇回目の測定後には、老人の生存確率は一〇〇〇分の一以下にまで落ち込んでしまう」とテグマークは言う。「言い換えれば、老人が死亡する確率は九九・九パーセントなのだ」。

これが従来の見方である。ところが多世界解釈が正しく、あらゆる可能性が実際に起きるのだとすれば、テグマークが言うように、状況は二人にとってまるで違ったものになるだろう。死んだ老人が一〇〇パーセントの確率で何も見ることはない一方で、生きている老人も同じく一〇〇パーセントの確率で世界を目の当たりにすることになるのだ。というわけで、測定の回数とは無関係に、実験者が継続して観察対象にしている無限の実在の中では、常に複数の実在が存在することになるだろう。「多世界解釈が正しいのなら、実験者はつねに、銃弾が不発に終わる時の『カチッ』という音だけを聞かされ続けることだろう」とテグマークは言う。「つまり実験者は、好きなだけ銃口の前にたたずんでいることができるのだ。その人物は、自分が不死身であると思い込んでしまうだろう！」

だが、ここに落とし穴がある(常にそうとは限らないのだが！)。多世界解釈の正当性を自己満足気味に証拠立てているような実験者であれば、他人を納得させることはまずできまい。たとえば、スピン測定を一〇回行うとしよう。平行宇宙の九九・九パーセントではなるほど、女性アシスタントの目に映るのは死んだ老人の姿である。そして、老人が生きている実在の場合ですら、そうなったのは、単に運がよかっただけの事という話になるだろう。というのも、老人が撃ち殺されるのを目撃するには、さらに数回のスピン測定が必要であり、そのためには老人を機関銃の前に立たせておかねばならないことをアシスタントが心得ているからだ。

多世界解釈が正しく、またそれを立証するのが特に難しくなければ、平行宇宙の大半で、友人や愛する人に自分が自殺するところを目撃されても平気だろう！　これは、重要な観測である。というのも、実験結果の予測に関する限り、多世界解釈とコペンハーゲン解釈との間には何一つ違いがないことがわかっているからだ。実際、両者は、量子論をめぐる半ダースほどの解釈のうちの二つであり、半ダースほどもある理論のすべてが正確に同じ現象を予測しているのである。

そうなるのは、量子論が抽象的な数言語で書かれているからだ。日常生活とすりあわせるには、抽象的な数言語は、日常体験により密着している自然言語に移し変えられねばならない。日常言語の場合、同じことを表現するのには複数の方法がある。たとえば、「グラスは半分まで満たされている」は、「グラスの半分は空っぽである」と表現することもできるのである。まったく同じように、量子論を支えている数学的実在を解釈するにも、複数の方法があるのだ。物理学者が格闘すべき根本問題とは、ヒトの知覚が対象を複数の場所で同時に捉えずに、たった一つの場所でだけ捉えているのはなぜかという問題なのである。量子論を巡るこうした様々な解釈は現在、競い合いながら一つの答えを探り当てようとしている。ただし、そうした解釈のすべてが同じだとすれば、多世界解釈はなぜ、ほかの解釈よりも好まれるのだろうか？

それにはいくつもの理由がある。まず、「オッカムのかみそり」という前提がある。一四世紀に、フランシスコ派修道僧オッカムのウィリアムによって考案されたこの知恵によれば、可能性が複数ある場合、より単純なものを選ぶのが鉄則だという。多世界解釈はその意味で、議論の余地はあるにせよ、他の解釈よりも単純なものなのだ。つまり多世界解釈によれば、量子論が記述する対象は、原子という微小領域にとどまらないというわけだ。多世界解釈が好まれるもう一つの理由は、この解釈に従えば、原子が二つの場所に同時に存在しうる理由や、量子コンピュータの驚異的な計算プロセスについて、はるかに納得のいく説明が得られるというものだ。中には、多世界解釈が唯一合理的な解釈だと言う者も出てくるかもしれない。ただし、こうした理由に正当性がない場合であっても、テグマークの提案した実験の意義が、無効になることはないだろう。

では、そんな実験に、どこの誰が手を染めようとするのだろうか？　そんなことを考えるのは、よほど肝のすわった人間に違いない。テグマークは、多世界の存在を確信している。ところが、次のような言葉を聞く限り、その思い入れはとてつもなく強烈なものではないようだ。「私自身は大丈夫なのだろうが、妻のアンジェリカは未亡人になってしまうだろう。たぶん、歳をとって頭が変になってしまえば、そんな実験をする気になるかもしれない」。

多世界がヒトにおよぼす影響

テグマークが提案した「量子機関銃」実験には、多世界がおよぼすもっとも顕著な影響の一つが浮き彫りにされている。ある実在で死んだ人間は、別の実在では生きている。また、目の当たりにすることのできる実在だけが、（ごく自然に）生活の場となっている実在であることから、そこで生きている人間は、生命を脅かすあらゆる出来事に対して奇跡とも言えるような免疫力を備えているということになるはずだ。建物が崩れ落ちても、瓦礫の中から這い出してくるとか、飛行機衝突や爆弾の爆発に遭遇したとしても、自分だけは生き残るだろう。何があろうと、悪いことにはならないはずだ。「幸運な」という言葉は、とことん定義し直されねばならないだろう。そうなればその言葉は、「とびきり幸運な状態」を支える驚くべき次元に肉迫することにすらなるかもしれない。

だが、その驚くべき幸運はもちろん、実在における無限小の部分集合においてのみ認識されることだろう。それはつまり、テグマークの実験で言えば、銃弾を浴びないで済む場合などまずないということなのだ。ほとんどの実在の住人であれば、何らかの事故で命を落とすケースを目の当たりにするだろう。こうして多世界は、日常体験とぴったり一致したままだろう。つまり、幸運はごくまれにしか訪れず、その恩恵に奇跡的にあずかることのできる人物も同じようにまずいないというわけなのだ。

多世界解釈が正しいのなら、ヒトは六〇歳や七〇歳はもちろん、八〇歳になってすら死ぬことはないだろう。理論的に言えば、生物としての「最長の寿命」を得るような個人が存在する実在が、ほんのわずかだがありうるのだ。ある実在では、一一〇歳ないしは一二〇歳で寿命が尽きることになるだろう！　それは、どうしても避けることができないことなのだ。そうした実在は、万人に等しく与えられている。そう、一人ひとりになのだ。それにしても、ヒトの寿命はなぜ、わずか一一〇歳ないしは一二〇歳なのだろう？　老化を食い止める方法が発見されたり、意識を、永遠の生命を持つコンピュータへと「ダウンロードする」方法が開発されたりするような実在が存在しているはずなのだ。今後も、目の当たりにしていくような実在が、唯一こうしたものだとすれば、そうした実在こそ生活の場となっていくことだろう。創造の幕引きを目の当たりにするというのが、われわれ一人ひとりに与えられた運命なのかもしれない。それはまさに、時間の終焉を目撃することなのだ。

多世界解釈が正しいとすれば、人生で唯一確かなものとは死ではなく、不死であるようだ。誰もが永遠の生を与えられることになるからである。

だが、あまりのぼせ上がらないようにしよう。各人に降りかかる出来事の大半は、テグマークが思考実験で思い描いていたような、「量子」が織りなす単純な現象ではないからである。最終的に死にいたる出来事であっても、それまでは緩慢な動きを見せているのであって、「量子」という名のコインをたった一回投げただけで片がつくというようなものではないのだ。多世界解釈がそうした対象を記述するにはふさわしくないとされた場合、時間の終焉を人類が見届けることになるとの予測には、それほど信憑性がなくなってしまうだろう。「多世界解釈に主観的な不死性が込められているかどうかは、長年、私の悩みの種になってきた」とテグマークは認めている。「多世界解釈が正しいとすれば、私は地球上で最古参の人物になってしまうだろう。だからといって私は、エヴァレットの発想を『眉唾もの』と疑っているわけではないのだが」。

テグマークによれば、この議論の欠点は、「死につつある」という状態が「白黒」結着のつかない現象であるという点だ。つまりそれは、死んでいると同時に、生きてもいるという奇妙な状態を指しているのである。ヒトというのは、段階を踏んで徐々に自己意識を捨て去っていく生物なのだ。「加齢に伴い、脳細胞が少しずつ死んでいくというのは事実なのだろうか？　実際、そうした現象は私の脳内ですでに始まっているのだ。こうして、自己意識は時間をかけて徐々に薄れていくのである」とテグマークは述べている。「私にとっての臨終とはちょうど、アメーバの最期にも似た『尻すぼみ』状態にすぎないものだろう」。

テグマークによれば、量子的な自殺を首尾よく遂げたいのなら、次の三つの基準を満たす必要があるという。まず、死にいたるプロセスは、完全に量子的なプロセスでなければならない。言い換えれば、自殺が遂げたければ、生きていると同時に死んでもいるという明らかに分裂した「重ね合わせ状態」に参入しなければならないのだ。次に、自殺は、即遂げられねばならない。そうすれば、量子レベルの「コイン投げ」の結果を知ることもないからだ。さもなければ一、二秒で自分が死ぬ運命にあるということを確信してしまうような、おそろしく惨めな分身が生まれてしまうだろう。そうなれば、すべては水の泡になってしまうはずだ。そして最後に、自殺方法は、確実に死にいたるものであること。中途半端な怪我に終わるような方法を選んではいけないのだ。

では、現実の人生で起きる大半の事故や病気についてはどうだろう？　そうした出来事は、上にあげた基準二と三のいずれをも満たしていないとテグマークは主張する。では、ガンの場合ならどうだろう？　正常細胞も、ガン細胞になりうる。遺伝変異によって、細胞が異常増殖するというわけだ。またその場合、光子や電子といった微視的粒子が、DNA鎖内に存在する原子一個と相互作用する可能性もある。(10)この微視的現象には、ヒトの運命がかかっている。つまり、ガン細胞が増殖して死を迎えるか、そうならずに生き延びるかのいずれかというわけだ。この場合、多世界解釈から明らかなのは、当事者がガン細胞の増殖しない実在で生き続けていくだろうということである。とはいえテグマークは、この現象が基準一は満たすものの、基準二についてはそうではないと考えている。

テグマークは不死を拒絶しているのではない。「けれども、そのためにはたぶん量子レベルでの自殺実験のような、ひどく不自然な環境が必要になるのかもしれない」というわけだ。

死であるか不死であるかは別として、自分の分身すべてにとって多世界が意味するものとは何だろう？　幸福な生活が送れるような恵まれた運命にある場合、圧倒的多数の実在では、分身が惨めな生活を送っているようだ。たぶんそうした分身は、こちらが恋に落ちて結婚したような人物とは決して出会うことがなかっただろう。また、こちらが生を受けた愛情溢れる家庭に生れ落ちることもなかっただろう。これまでの人生で訪れた幸運な巡り合わせすべてを思い起こしていただきたい。そしてまた、ひどく不幸な巡り合わせを余儀なくされた分身すべてのことを考えていただきたいのだ。

こうした発想は「無数の方法」という物語で、ＳＦ作家ラリー・ニーヴンが探っていたものである。(11) ニーヴンの世界に登場するクロスタイム・コーポレーションは、交差する時間から多くの発明品を輸入し、それを特許化することで莫大な利益を上げていた。ところが、この企業の創始者は、贅を尽くした自宅アパートの三六階のバルコニーから飛び降りてしまう。これは、時間が交差し始めてから、わずか一ヵ月後に起こり始めた一連の不可解な自殺のうち、ごく最近のものだった。某探偵が調査に乗り出すことで、しだいに事の真相が明らかになっていく。自殺原因は、自殺当事者らが自分の分身の存在に気づいたためだったのである。分身たちは、孤独とはおよそかけ離れた生活や、はるかに充実した生活を送っていたのだ。自殺原因はもう一つあった。あらゆる可能性が現実化するとしたら、何をしても意味がなく、どんな決断を下そうが、他の実在では、それとは正反対の決断が下されてしまうという事実に当事者たちが気づいてしまったからなのだった。つまり、彼らは絶望のあまり自殺を図ったというわけだ。最終的には、探偵も同じような理由から、自分の頭に銃を押し当て引き金を引くことになる。銃の引き金が、ガランとした部屋で引かれると、弾丸が発射され、天井に穴が開く。弾丸は、探偵の頭蓋骨を貫く。弾丸は、頭頂部をはずれていく……

これが無限に続いていくのだ。

幸いなことに、デコヒーレンスのおかげでわれわれは、同時に複数の実在を生きることがないようになっている。ところが現実には、そうした複数の実在同士はしっかりと結ばれているのだ。そのおかげで、通常のコンピュータに使われている半導体からレーザ、原子炉にいたる、ありとあらゆるものが生み出されているのかもしれない。「ところが、幸いなことにわれわれの心は無数の実在のうちのたった一つの実在しか体験しないようになっている」とテグマークは述べている。

ところが、複数の実在と関わりを持つことができるということには、利点もある。たとえば、物理学者を悩ませている「時間旅行を巡る難問」が氷解してしまうからだ。驚いたことに、物理学法則(とりわけ、アインシュタインの言う一般相対性理論)は、それを許しているように見える。理由は簡単だ。一般相対性理論によれば、時間は「観測者」ごとに異なる流れ方をするのだという。たとえば、相対的に見て、非常に速い速度で時間旅行をしている観測者は、時間がゆっくり流れていると感じるだろう。同じように、重力をまったく体感していない観測者に比べ、強力な重力を体感している観測者も、時間はゆっくり流れるものと思うだろう。こうした事情から、二人の観測者の時計がまるで違う速さで時を刻むという状態を想像することができるのだ。一方の観測者にとっては、月曜日から金曜日にいたる時間も、もう一方の観測者にとっては月曜日から火曜日までの時間にすぎないのだ。今、この二人の観測者が一つの橋ないしは「トンネル」でつながっているとしよう。一般相対性理論によって存在が保証されているそうしたトンネルは、「ワームホール」と呼ばれている。このワームホールを下っていけば、観測者は、金曜日から火曜日へと時間を逆行することができるのだ。

こうした「タイムマシン」とH・G・ウェルズのようなSF作家が描いたタイムマシンとの間には、若干の違いがある。前者の場合、時間旅行をするには空間旅行をしなければならない。ところが後者の場合には、タイムマシンが作られていなければ時間をさかのぼることなどできないのだ。とはいえ、時間旅行が物理法則に支えられているのは確かなようだ。この事実に、物理学者はひどく動揺してしまう。なぜなら、そんなことになればありとあらゆるパラドックスが、その醜い頭をもたげてくることになるからだ。

こうした不安な状況がきっかけとなって、イギリスの物理学者スティーブン・ホーキングは、「時間順序保護仮説」を提出した。この仮説では実際、時間旅行は「禁じ手」なのだ。この仮説はまだ立証されてはいないが、その正当性を主張するホーキングは次のように述べている。「では、未来からやってきた旅行者など一体どこにいるというのか？」

一番有名な時間旅行のパラドックスは、「おじいさん」パラドックスだ。ある男が時間をさかのぼり、自分の祖父を撃ち殺す。ところがその場合、この世に生まれて時間をさかのぼり、汚い行為に手を染めるようなことなど、そもそもできるのだろうか？

多世界解釈によれば、こうしたパラドックスは、いとも簡単に氷解してしまうという。問題の男が時間をさかのぼり、祖父を殺すこともありうるのだ。とはいえ、デイヴィッド・ドイッチュによれば、この男が殺した祖父は、別の実在に存在する祖父なのだという。その人物は祖父の分身であり、その男が生まれていない別の実在の住人なのである！

物理学者がそもそも「多世界」という発想を忌み嫌う理由の一つは（物理学者の中にはいまだに同じ態度を貫いている者がいるのだが）、悪夢のように枝分かれしていく宇宙に恐怖を抱いてしまうためである。これは科学的な反応というよりは、情緒的な反応だろう。ところが、物理学者は現在、われわれが四つの時空次元を備えた宇宙の住人であるという発想を手放しで受け入れている。ちなみに、このうち、四つ目の次元はわれわれの認識能力をはるかに超えたものだ。事実、多くの物理学者は、われわれの住む宇宙には一〇個の時空次元が存在しており、そのうちの六つは肉眼では捉えられないほど小さく「巻き上げられている」と考えている。ゆがんだ時空と物質とが空虚な空間から飛び出してきたと考える二〇世紀科学が明らかにしたのは、宇宙を根底から支えている実在が、五感を通して捉えられるごく日常的な実在とは似ても似つかないという事実である。「自然には、人類が、脳や五感を通じて対象を捉えやすくなるようにする義務などいっさいないのである」とテグマークは言う。「つまり自然には、こちらが途方にくれてしまうような無限の代わりに、たった一つの実在だけを提供する義務などまるでないというわけだ」。

＊　＊　＊

エヴァレットがそもそも多世界解釈を持ち出すようになったのは、机のような巨視的対象が明らかに一つの場所に存在しているのに対して、それを構成している原子は必ずしもそうではないという事実との折り合いをつけたかったからだ。ここで、何が問題かがはっきりしてくる。それは、従来の議論では、巧妙に避けられてきた問題だ。それは「原子が複数の場所に同時に存在しえるのはなぜか？」という問題なのである。これに答えるには、ある奇妙な事実に関わらねばなるまい。これまで行われてきた無数の実験を通じ、原子のような粒子は、波のような特性を備えているという事実が観測されてきた。たとえば、原子は障害物を前にすると、水や音波のように姿を変えてしまうのだ。

形状を決める「波動方程式」に従うというのが、波の特徴だ。たとえば波動方程式によって記述された「水の作る波」には、大きくうねった波と小さなさざ波とがある。ところで、そしてまたここが重要な点なのだが、波動方程式のおかげで、この二つの波が組み合わさった波も誕生する。この場合、問題となるのは、大きくうねった波の上に小さなさざ波が重ね合わされるという点なのだ。

たぶんこの点は、専門的で退屈に思えるだろう。ところがこの点こそが、人体を構成している物質に備わった驚天動地の意味なのだ。なぜなら、原子等が波動方程式(シュレーディンガー方程式)によって記述されており、一方の波がこちら側にある原子を表し、もう一方の波があちら側にある粒子を表しているとすれば、その二つの波が合わさることは、それほど難しいことではないからだ。そうした二つの波の重ね合わせには、こちらとあちらに同時に存在する原子の姿が現れている。

原子のような粒子が波のように振る舞うという単純な事実は、量子論の奇妙な特質の裏に潜んでいることがわかっている。そして、この奇妙な振る舞いこそ、「波動力学」と呼ばれているものだ。原子に見られる量子系の波特性に取り組んでいる物理学者は、それを「波動関数」によって記述している。波動関数は、実在物ではない。それは、重宝な数学上の道具《デバイス》である。少なくとも、量子論の誕生以来、誰もがそう思ってきた。ところが、そんな発想は間違っているのかもしれない。そんな想いを抱かさせてくれているのが、アメリカ合衆国を拠点に活躍する、あるイギリス人物理学者なのである。

ハンフリー・マリスが正しければ、波動関数は重宝な「数学の道具」ではない。それどころか、この道具を使えば、世界を支えている究極の実在を垣間見ることもできるのだ。われわれは誰もが皆、波動関数の申し子なのである。

物質を構成する「基本ブロック」は分割できるとする主張には「究極の実在」の本質を巡る奥深い意味が畳み込まれているらしい。

第3話 波動関数の謎《ミステリー》

そこでデモクリトスは、じっくりと考えることによって、自分の頭のなかで答えを探さねばなりませんでした。抽象的な哲学的考察を重ねたのち、ついに彼は、物質がどこまでも小さなものへと分割されていくとは「考えられない」こと、そして「もはやそれ以上分割することのできない最小の粒子」が存在することを認めなければならない、という結論に到ったのであります。彼はその粒子を「原子（アトム）」と呼びました。

ジョージ・ガモフ／青木薫訳
『不思議宇宙のトムキンス』

舞台に置かれた棺のような箱の中に、奇術師のアシスタントを務める女性が横たわっている。目を閉じたかと思うと、奇術師は聴衆がかたずを呑んで見守る中、ノコギリで箱を二つに切り始める。もちろんこれは、サディスティックな冗談などではなく、マジックショーなのだ。心の底では誰もが、奇術師が目を開けると、アシスタントの女性が無傷のまま箱の中から現れるものと思っている。だからもし、奇術師が目を開いた時に、箱の中から現れ出たのが、瓜二つの女性アシスタント二人だったなら、聴衆はさぞかし度肝を抜かれることだろう！

これは、まったくのナンセンスなのだろうか？　アメリカ合衆国を拠点に活躍するあるイギリス人物理学者によれば、これに近いことは現実に起こりうるという。もっともそれは、日常世界ではなく、それを構成している原子と粒子からなる微視的世界での話なのだろうが。「一個の電子は二つに切り分けられるが、その断片それぞれは、半分になった電子としての振る舞いを見せるようだ」と述べるのは、ロードアイランドにあるブラウン大学のハンフリー・マリスである。

ここでしばらく、マリスの発言について考えてみよう。電子は、原子の中でも最も軽い粒子であると同時に、最も本質的な粒子でもある。事実、ケンブリッジのＪ・Ｊ・トムソンが電子を発見して以来、二〇世紀を通じては、電子が分割可能であることを部分的にであれ立証した実験など皆無だった。つまり電子は、デモクリトスの言う「原子（分割不可能なもの）」だったのだ。[12] とすれば、電子が分割可能であるという主張はまさに、物理学の心臓部に投下された爆弾なのである。

ところが、これだけではまだ、マリスの主張の真意を伝えたことにはなるまい。というのも、「実験の世紀」とも言うべき二〇世紀が、電子が分割可能であることを立証し損ねたからといって、電子が最終的に、分割不可能な対象と決まったわけではないからだ。明日か、来年か、一〇年後かは不明だが、電子が微細な物質から構成されているという事実が実験によって確かめられるということも大いにありうるのだ。物理学者の目には驚異と映るかもしれないが、そうした事実が明らかにされたからといって、物理学そのものが損なわれることには必ずしもならないだろうし、それは夜のニュース番組のネタにされることもないだろう。ところが、マリスが主張しているのは、電子が微細なレゴブロックで構成されているということではまったくないのだ。マリスが言いたいのは、電子が分割されうるという点なのであって、それが微細な「組み立てブロック」から構成されているかどうかなど、どうでもよいことなのである。

物質波の不気味な世界

微細な物質から構成されていないのなら、その対象は、なぜ分割可能なのだろうか？　それはもっともな疑問である！　そこで初めて、マリスの主張がいかに異常なものであるかがはっきりするはずだ。問題の本質とはつまり、電子が「亜電子」から構成されているかどうかにではなく、日常世界の背後に潜んだ根源的な実在にあるというわけだ。

物質はすべて、原子やそれを構成する粒子のような微細な「組み立てブロック」から構成されている。この発想には、一九二〇年代に物質の「組み立てブロック」が直観に反した特異な振る舞いを見せるという事実を物理学者が発見したことで、やや修正が加えられることになった。たとえば電子のような粒子は、通り道に障害物があればそれを迂回してしまうが、それはちょうど、人が発した叫び声の音波が、家の隅を迂回するようなものである。

粒子は必ずしも、微細なビリヤードボールのようなかたちでは空間内の一点に局在していない。これは、亜原子粒子が見せる波のような振る舞いが生み出す現象の一つだ。粒子の性質とは、水面に広がっていく波紋に似ている。観測される前の粒子には、いたるところに存在している「可能性」が与えられているというわけだ。

素粒子の持つ波のような特性を記述するために物理学者が編み出したのが、「波動関数」である。

この関数には、粒子に関するありとあらゆる情報がもれなく盛り込まれている。波動関数は時間とともに広がっていくが、それはむしろ、水溜りの表面に立つさざ波の波紋に似ている。波の動きは、一九二〇年代にオーストリアの物理学者エルヴィン・シュレーディンガーが発見した方程式に従っている。それ以来、この方程式は「シュレーディンガー方程式」と呼ばれている。ある粒子が、その後に取りうるおよその位置を割り出すために、物理学者はこのシュレーディンガー方程式を使って粒子の波動関数の展開を予測し、その中から、一番ありえそうな粒子の位置を割り出しては、波動関数を切り捨ててしまうのである。

こうしてみると波動関数とは、実に重宝な計算装置《デバイス》と言えるだろう。波動関数は、水が作る波紋のようには観測できない。実際それは「物」ではなく、数学で言う「確率波」なのだ。少なくともこれが、従来の捉え方なのである。

マリスの主張はすべてを一変してしまうだろう。真二つに切り分けることができるとマリスが主張している対象とは、電子の波動関数なのだ。さらにまた、半分になった電子が二つできあがるとマリスが主張しているために、電子の波動関数が電子であるという結論が必然的に導き出されるのである。言い換えれば、過去八〇年間、誰もが単なる数学上の装置《デバイス》にすぎないと考えてきたものは実のところ、世界を根底から支えている究極の実在なのである。森羅万象は、波動関数から生み出されているのだ。

波動関数を分割する

マリスの専門は、超低温状態における物性研究だ。事実、電子一個の波動関数が、二つに分裂するかもしれないという思いが初めてマリスの脳裏をよぎったのは、マイナス二七〇・九八度つまりは二・一七Kを下回らなければ液化しない液体ヘリウムについて思いを巡らしている時だった[13]。液体ヘリウムとは間違いなく、人類が知りえた物質の中で最も不気味な特性を備えた対象である。二・一七Kでは、液体ヘリウムは「超流動」状態になる。超流動状態では、摩擦が生じないため、液体ヘリウムは、とてつもなく小さな穴をもやすやすと通り抜けていくのみならず、驚くべきことに、容器の壁をも這い登っていくのだ。ところが、マリスは、超流体の別の特性に興味を抱いていた。その特性とは、「電子気泡《バブル》」だったのである。

電子気泡が初めて生み出されたのは、物理学者が高速電子を液体ヘリウムに浴びせかけるようになった一九五〇年代後半のことだった。電子は次第に速度を落としていき、ついには液体内で運動を停止する。ところがここで、問題が生じる。電子には、原子核の周囲を巡るという性質があるが、それはさながら地球が太陽の周りを巡るようなものだ。ところが液体ヘリウムの場合、どの原子にも十分な数の電子が収まっている。「ヘリウム原子」という名の宿屋に空き部屋がない場合、「飛び込み客」はヘリウム原子同士の隙間に寝泊りするしかないのである。

電子の世界の放浪者は、孤立への道を歩むことになる。なぜなら、周囲に存在するヘリウム原子をものすごい勢いで退けてしまうからだ。[14] この放浪者は、ヘリウム原子を押し出してしまうと、液体内の空っぽの気泡に浮かんではいられなくなる。この「電子気泡」（もっとも、これはあまりに小さすぎて肉眼では捉えることができないのだが）は、原子世界に開いた広大な穴だ。この穴からは、約一〇〇〇個のヘリウム原子が無造作にはじき出されてきたのである。

　電子気泡内の電子は、あらゆる電子と同じように、波動関数によって記述される。ところがこの波動関数には、ある制限が設けられている。というのも、電子気泡内ではある種の波動関数しか生き延びることができないためだ。たとえば、からの容器内で水が作る波紋がはねかえる様を思い浮かべてみよう。大半の波紋は、この容器内でカオスのような動きを見せることだろう。それは、時々刻々姿を変えていき、あっという間に消え去ってしまうだろう。ところが、一部の確率波は、容器の形状に「見合った」振る舞いを見せるだろう。つまり、壁で跳ね返った波は、容器内部に存在する別の波と一つになって新たな波を作り出し、決して消え去ることがないはずだ。いたるところで創造と破壊の力が見事な調和を見せることだろう。その結果、現状を維持しているかのような波が生じるはずなのだ。

　電子気泡内の電子にあてがわれた一連の波動関数とはまさに、こうした「現状維持を行おうとしているかのような波」なのだ。それぞれの波動関数は明らかに、多種多様なエネルギー状態にある電子に対応している。電子が一番存在していそうな状態とは、最小のエネルギー状態である。なぜならこの状態こそ、「エネルギーの飢餓状態」が最低になっているからだ。この場合、波動関数の形状は、「球面対称」になっている。ということは、波動関数の高さ、つまりは「振幅」は、あらゆる方向へ向けて衰えていくのである。空間内の任意の場所に電子が存在する確率が、この波動関数によって与えられているために、エネルギーが最小状態にある電子は同じく、あらゆる方向に存在しうるようだ。[15]

エネルギーの最小状態はごくありふれたものだが、電子気泡内の電子が必ずしも、その状態にあるとは限らない。余剰エネルギーが蓄えられている場合(ある実験では、こうした状態は、電子気泡にレーザ光を照射することで実現されうる)、電子はさらに、エネルギーの最大状態へと移行しうるのだ。この状態にある波動関数(これを最初の「励起」状態と呼ぶ)のかたちは、球面対称を取らず、ダンベル状になっている。つまり電子が一番存在していそうな場所とは、電子気泡の反対側なのだが、この位置関係は、ちょうど地球の両極を思わせるものだ。

電子気泡のN極とS極の近くに長く留まっている電子はさながら、牢獄のN極とS極で仕事に精を出しているミツバチのようだ。マリスは、こうした現象によって電子気泡が南北の方向へと引き伸ばされるだろうと考えていた。一九九六年にマリスは、この現象についての綿密な研究を開始している。

マリスが最初に気づいたのは、気泡の膨張速度が、複数の要因に左右されているという事実だった。中でも一番重要なのは、液体ヘリウムの粘着度だった。液体ヘリウムの粘着度が比較的高ければば、それはちょうど糖蜜のようになり、気泡の膨張を抑え込んでしまう。その結果、気泡のかたちは変化しやすくなり、球からダンベルへと徐々にその姿を変えていくことになるのである。

このプロセスには、温度が重要な役割を果たしていた。二・一七K以下の状態では、ヘリウムは単一の液体ではなくなり、まったく異なる二つの液体へと変化し始めるのだ。前者を「順相」、後者を「超流体相」と呼ぶ。この超流体によって生じうる数多くの奇妙な現象の中には、摩擦をいっさい伴わない永久運動までもが含まれている。その振る舞いはさながら、粘着性のない超液体のようだ。

以上二つの液体（順相の液体と超流体相の液体）は、実際には相互に交じり合っている。超流体が初めて姿を現す二・一七Kでは、それが液体全体に占める割合はごくわずかである。ところが、液体温度が二・一七Kを下まわると、液体に占める超流体の割合はますます増していく。さらにこの超流体は、粘着性を欠くために液体内で勢力を増していき、その結果、液体全体の粘着度が激減してしまうのだ。事実、液体の温度を一定の温度以下まで下げてやるだけで、液体の粘着度を思い通りに低下させることができるのである。

マリスによれば、こうした特性は気泡が広がっていく際には、重要な意味があったという。液体ヘリウムは、電子気泡の伸張を抑制し、その形状を球からダンベルへと徐々に変化させていくのである。ところが、それはある温度以上でのみ言える話だ。この「臨界」温度以下では、この液体の流動性は異常に高かった。マリスの測定によれば、問題の臨界温度とは一・七Kだった。囚われの身の電子が内部で激しく運動すると、気泡はものすごい速さで広がっていくため、そのかたちはダンベル状になっていく。「気泡は広がって、長く伸びたソーセージのようになり、やがてはそこから、細い首が生じてくる」とマリスは述べている。「そしてさらに、その首は、ますます細くなっていき、ついには二つの小さな気泡に分裂するのだ」。

一つの気泡が二つの気泡に分裂するという現象はどうやら、ごくありふれた、取るに足らないことなのかもしれない。つまり、皿を洗うのに使う洗剤の気泡は常に分裂しているのであって、そんな現象に気をとめる者などいないというわけだ。ところが物理学の世界では、電子気泡が分裂するというのは、前代未聞の異常現象だった。なぜか？　「それは、電子の波動関数がダンベルのようなかたちをしており、その気泡が二つに分裂してしまうのであれば、その分裂した気泡それぞれに閉じ込められているのが、半分になった電子の波動関数になってしまうためだ」。

この現象が持つ意味は、驚くべきものだった。量子論が示すように、波動関数が電子の本質だとすると、電子一個の波動関数を切り分ければ、実際に電子を二つに分割することになるだろう。液体ヘリウム内の気泡を分割するなどというのは、ひどく斬新な発想だった。それは、分割不可能なものを分割することになるからだった。

これは革命的で、起爆力を備えた手段だった。もし誰かを説得したければ、マリスは、自分の立場を最後まで貫かねばなるまい。何より大切だったのは、計算結果のチェックだった。次に、何度も実験を繰り返して、データ通りの振る舞いを自然が見せるかどうかを確かめてみる必要があった。

マリスが最初に立ち寄ったのは、大学図書館だった。物理学雑誌のバックナンバーをパラパラとめくっているうちに、マリスが驚くべき発見をしたのは、まさにその場所だった。マリスが密かに暖めていた思考実験の中には、すでに試みられていたものもあったのだ。

三〇年来の謎を解き明かす

一九六〇年代後半のことである。ミネソタ大学の二人の物理学者が、液体ヘリウム内を通過する電子気泡の速度を測定しようとしていた。ジャン・ノースビーとマイク・サンダースは、電子気泡を、液体ヘリウム内に発生させた電気力場で活性化させたのである。内部に電子を持つ気泡が運動することで、電流が生じた。電流とは帯電した粒子の流れだからである。この電流を測定することで(これは比較的単純に測定できる)、二人の物理学者は電子気泡の速度を見積もることができたのだった。

ノースビーとサンダースは次に、液体ヘリウムにレーザ光を当ててみた。そうすれば、電子気泡内の電子のエネルギーが増し、気泡から飛び出すだろうと考えたのだ。自由電子は、比較的大きな電子気泡よりも、はるかに小さく可動性が高いために、電気力場が液体内の自由電子を急速に回転させるだろう。そうなれば、電流もそれに応じて跳ね上がるはずなのだ。実際これが、ノースビーとサンダースが実験を通じて捉えた現象だったのである。

きちんと立証された理論があれば、「この現象こそ、物質の究極の姿である」と結論づけることができたのかもしれない。だが、実際にはそうはならなかった。実験の前提となる発想そのものに、欠陥があることが明らかになったからである。一個の電子が「牢獄」のような気泡からはじき出された場合、そう長くは自由の「身」ではいられなかったのだ。それどころか電子は、周囲のヘリウム原子をことごとく退け、すぐさま新たな電子気泡を生み出したのである。この電子気泡は、壊されてもすぐに生み出されるために、液体ヘリウムにレーザ光を当てたとしても、液体内を流れる電流に影響がおよぶことはまったくなかったというわけである。なぜか？　数十年もの間、この謎を解き明かすことは誰にもできなかった。そこで、マリスの登場となる。マリスの言葉を借りるなら、「電子気泡が二つに分裂するとすれば、三〇年来の謎は氷解してしまうのかもしれない」ということになる。

マリスによれば、ノースビーとサンダースが実験に用いたレーザ光は、電子気泡から電子をはじき出さなかった。「それはただ、最低のエネルギー状態から、最初の励起状態へと電子を活性化したにすぎなかった。そして、この最初の励起状態に関わっていたのが、ダンベル状の波動関数だったのだ」。

これは重要なことなのだが、マリスは、この二人の物理学者が、液体ヘリウム実験を一・七K以下の温度で行った事実を押さえていた。一・七Kというのは非常に重要な臨界温度で、それ以下の温度では、電子気泡の分裂がとまらなかったのである。「気泡が分裂することで、さらに多くの気泡が生み出されることになったのだ」とマリスは言う。「気泡は、より小さくなることで液体中をますます高速で運動するようになり、その結果、実験で見られたような電流の増幅が生じたのである」。

これと同様の実験は、一九九〇年代初頭に、ニュー・ジャージーにあるAT&Tベル研究所に所属する二人の物理学者たちの手で行われた。レーザ光を当てると、電子気泡の運動速度が、予想に反して加速される事実を彼らもまた、発見したのだ。

雑誌をパラパラとめくっていた際に、マリスが発見した不可思議な実験はこれだけではなかった。ほかの物理学者たちも、電子気泡が液体ヘリウム内をものすごい速さで運動するメカニズムを研究する、さらに厳密な方法を突き止めていた。そうした物理学者には、ミシガン大学のゲイリー・アイハスとマイク・サンダース(一九七一年)や、ランカスター大学のヴァン・イーデンとピーター・マクリントックら(一九八四年)がいた。この二つの研究チームはともに、約一〇〇万個の電子気泡のショート・バーストを生み出しては、それを液体ヘリウム容器内の電気力場で活性化させることで、厳密な計測を行ったのである。

このバースト内の電子気泡のすべてが同時に生み出されていたことから、実験者はすべての電子気泡が同時にゴールを迎えるものと予想していた。そのため問題の気泡が、三派に分かれてバラバラに到着する結果になったことに、彼らは度肝を抜かされたのである。

マリスによれば、この謎も電子気泡が二つに分裂すると考えれば氷解してしまうのだという。

「稲妻」がわりの電気放電によって、液体に電子を組み入れる実験では例外なく、電子気泡が生じることになった。「この実験で必ず生じるのが、光なのだ」とマリスは言う。「この光のおかげで、電子気泡内の電子は、エネルギーの最小状態から初の励起状態へと引き上げられる可能性がある。その結果、気泡が分裂するというわけだ」。

マリスによれば、こうした気泡の中には、二つ以上に分裂しうるものもあるという。また、分裂した気泡の中には、分裂を繰り返すものもあるらしい。詳細はどうであれ、結果として生じるのは大小さまざまな気泡であり、そこには、多種多様な「電子のかけら」が含まれているのだ。とすれば、気泡が時間をおいてバラバラにゴールを迎えたとしても驚くにはあたらないのである。

図書館での調査を終えたマリスは、予想外の大収穫を手に入れることになる。一九六〇年代後半から、紆余曲折を経ながらも継続してきた一連の実験が実を結んだことで、気泡が分裂するための必要条件が明らかになったのだ。電子の波動関数が分裂するのであれば、電子自体も同じように分裂するのではないかという予感をマリスは常に抱き続けてきた。そして、ここへきてどうやら、それを裏づけるような事実が浮かび上がってきたのである。通常の電荷をわずかに帯びた電子が自由になる場合には決まって、厄介な実験もにわかに意味を帯びるようになったのだ。

マリスはその時点で、自説が正しいことを俄然、確信するようになっていた。ところが、それがあまりに突拍子もない説だったため、公表するのはあえて差し控えていたのだ。ただそれ以来、実験データのチェックだけは、いやというほど繰り返し、怠ることがなかった。「自分の発想に慣れ、勇気を振り絞ってそれを公にするまでには、それなりの時間が必要だった」とマリスは当時を回想する。「そしてついに、決心がついたのだ。二〇〇〇年六月のことである」。

公表

舞台となったのは、ミネアポリスで開かれたある会議だった。この種の会議では通常、発表者に与えられる時間は三〇分というところがせいぜいだった。ところがマリスには、通常の発表に加えて、会議前夜の土曜日に二時間の発表時間が与えられていたのだ。このこと一つを取っても、マリスの研究がいかに重視されていたかがわかるだろう。講演会場は、一〇〇人以上にものぼる物理学者でごったがえしていた。そして、電子の分裂を裏づけるデータを発表したマリスは、質問攻めに遭うことになった。「発表内容は、予想通りに物議をかもすことになった」とマリスは述べている。

「マリスの発表を聞いた当初、私が見せた反応は、たいていの人と同じように懐疑的なものだった」とピーター・マクリントックは言う。ちなみに、マリスがその前代未聞の見解をまとめ上げることができたのは、マクリントックの研究のおかげだった。「ところが、厄介な電子気泡実験をそつなく説明するマリスについていける者など一人もいなかった。もっとも、電子が実際にバラバラに分裂すると考えれば、一つの可能性が開けてくることは確かだろうが」。

「誰かが、仮説の不備を突いてくるかもしれないと思うと、生きた心地がしなかった」とマリスは述べている。

「質問は山のように浴びせかけられたが、ハンフリーはそのすべてに答えたのだった」とマクリントックは言う。「この現象について、彼は、長い時間をかけて徹底的に考え抜いてきたのである」。

同じような印象を抱いているのは、メリーランド州カレッジ・パークにある、アメリカ物理学協会のベン・スタインだ。「私はいまだかつて、ハンフリー・マリスほど、巧みかつ優雅に自説を擁護する科学者にお目にかかったことがない。自説に批判的な立場を取る研究者一人ひとりに対して、マリスは実に合理的な反論をしたのである」。

「幸いなことに、論理の不備を突かれることはなかった」とマリスは言う。

「ハンフリーの言う通りなら、ノーベル賞ものだ」と言うのは、フロリダ大学のゲーリー・アイハスである。

発表内容が、非常に好意的に受け入れられたにもかかわらず、マリスにはいくつもの悩みがあった。「誰かに、こちらの不備を突かれるのではないかと、気が気ではなかった」とマリスは認めている。ただし、マリスの説が満場一致で受け入れられたわけではなかった。「この仮説は間違っている公算が非常に高い」と言うのは、ノーベル賞受賞者であるプリンストン大学のフィリップ・アンダーソンだ。

アンダーソンが抱いたのと同じような感情は、ほかの理論家たちにも見て取れる。「波動関数が二つに分裂するという発想は、量子論とまったく相容れないものだ」と言うのは、イリノイ州立大学アーバナ・シャンペイン校のアンソニー・レゲットだ。なるほどレゲットは、量子論のどこかに誤りがある可能性を認めてはいる。「その点を前提にしても、マリスの仮説は、誤っている公算が大なのだ。世界を解釈するための道具としては、圧倒的な成功を収めているにもかかわらずである」。これが、レゲットの下した評価だっだ。

レゲット同様、大半の物理学者はマリスの主張が最初の段階でつまずいていると確信している。「ところが、なぜそうなのかについては、何もわかっていないのだ」とアンダーソンは言う。だが、ここでほんの一瞬だけ、電子が実際に二つに分裂しうるのだとしてみよう。さてこの現象は、一体、何を物語っているのだろうか？

この現象の意味するもの

まず、そう考えれば、「波動関数」という発想そのものが一変してしまう可能性がある。つまり、電子の波動関数が分裂することで生じるのが、半分になった電子二つだとすれば、波動関数そのものが電子であるという結論がおのずと導き出されてくるのだ。

ここで、いくつもの問題が脳裏をよぎる。半分になった電子とは、そもそも何だろう？　その電子には、通常の半分の電荷しか帯電していないのだろうか？　また、その質量も通常の電子の半分なのだろうか？　そして、さらにその電子には、何かほかの特性が見られるのだろうか？　こうした点については、マリス自身、周囲の人間同様、ひどく当惑したという。「当時は、何がなんだかさっぱり分からなかった」とマリスは述べている。

電子をはじめとする粒子は、なかなか定義しづらい。それは、手の間をするりとすり抜けてしまう厄介な対象で、いたるところに存在しうる「ある種の確率」を備えているのだ。粒子は、観測されて初めて、脳裏にその姿を現すのである。では、半分になった電子の波動関数を備えた電子気泡を徹底的に調べ上げたとしたらどうだろう？「完全な電子を目の当たりにするはずだ」とマリスは言う。「では、残り半分の電子の波動関数を備えた電子気泡の場合はどうだろうか？　気泡は、にわかに空っぽになり、一瞬のうちにはじけてしまうのだろうか？　たぶんそうだろう。だが、本当のところはよくわからないのが現状だ」。

マリスの仮説のせいで、おなじみの世界観はどうやら、かき乱されているようだ。半分になった電子など、本当に生じうるのだろうか？　部分的にしか帯電していない、そんな粒子が存在するとすれば、宇宙の「組み立てブロック」は分割不可能だとする発想そのものが崩れ去ってしまうだろう。物理学を支えている要石が揺さぶられることになるようなのだ。とはいえ、そうなるのはただ、半分になった電子の存在がごく普通に見られる場合に限っての話である。その上、マリスの話では、そうした不完全な電子が生じうるのは、超低温の液体ヘリウムを用いて、念入りに工夫された実験環境以外にはありえないというのだ。

では、電子気泡の周囲には、液体がなければならないのだろうか？　もしそうだとすれば、その液体から気泡を取り出すことは可能なのだろうか？　電子のかけらを原子にくっつけることなどできるのだろうか？　身体をも含めた物質界の構造と機能とは、自然界に存在する九二個もの原子間に見られる化学反応に左右されている。こうした化学反応はさらに、原子を構成する電子の数と配置にかかっている。すべては、電子次第なのだ。分裂した電子にまつわる科学とは、一体どんなものになるのだろう？　この問いにほんの少しでも答えている人物など、マリスも含めて一人もいないのである。

物理学界に爆弾を投下したマリスは、その結果生じたカオスのさなかで静かに微笑みながら、傍観しているのを楽しんでいるようだ。とはいえマリスは、真理の解明にいそしんでいる物理学者たちをよそに、実験室で悠々自適な研究生活を送っているわけではない。マクリントックの言葉を借りるなら、「問題を解き明かそうとすれば、ただひたすら実験を重ねていかねばなるまい」。おまけにマリスは、意気揚々としてもいるのだ。「成果はすでに、着々と上がっている。これまで世に問いかけてきたのは、とても魅力的なパズルだった。このパズルについてはこれからも、もっと多くの人に考えていただきたい。たとえ私の発想が完全に間違っていたとしても、それはそれで満足だ。なぜなら、一個人の問いかけを、たくさんの人々と分かち合えたのだから」。マリスはそう述べている。

マリスの主張は今なお物議をかもしている。大半の人々はいまだに、究極の実在がつかみどころのない波動関数というよりは、小さなビリヤードボールに似た粒子からできていると考えている。ところがそのために、「粒子とは何か?」という厄介な問題が解かれずじまいで残されるのだ。これはあまりに基本的な問いであるため、それをあえて問題にしてきたのは、ほんの一握りの物理学者でしかなかった。その一人が、イギリス人物理学者、マーク・ハッドリーだ。ハッドリーがこれまで出してきた答えに触れれば、頭に一撃を食らわされた気分になるだろう。なぜなら、人体を構成する「分子ブロック」とも言うべき素粒子こそが、微小なタイムマシンにほかならないとハッドリーが主張しているからだ。

＊　＊　＊

二〇世紀物理学の二大理論は、最終的には一つに結び合わされるのかもしれない。もっともそれは、原子にタイムマシンが備わっていればの話だが。

四次元世界にたどり着いてしまえば、時空概念から永遠に解放されるだろう。そうなれば、物事を深く考える場合には、まさに「四次元的知性」が要になるだろう。この知性のおかげで、われわれは、全宇宙はもちろん、未来や過去とも一つになることができるのだ。

ガストン・ドゥ・パウロウスキー

『四次元世界への旅』

時間とは、あらゆる出来事が同時に起こらないようにするために、自然が編み出した方法なのだ。

テキサス州オースティンにある男子トイレの落書き

第4話　タイムマシンとしての世界

この世界は、微細で分割不可能な物質の粒子からできている。この発想はそもそも、紀元前五世紀のギリシャの哲学者デモクリトスに由来するものだが、その正当性が最終的に立証されたのは二〇世紀に入ってからのことにすぎない。かつては自然界の物質を構成する分割不可能な粒子は「原子」と呼ばれていた。ところが現在では、分割不可能な粒子は、原子よりはるかに小さな「クォーク」や「レプトン」といった物質と考えられている。[16]では、物質を構成する究極の「組み立てブロック」とは何だろう?

この答えを知っているのが、イギリスの物理学者マーク・ハッドリーだ。「自然界に存在する素粒子とは、微小な時間ループにほかならない」とハッドリーは言う。「つまり誰もが、タイムマシンからできているのだ」。

驚いたことに、「粒子とは何か?」といった素朴な問いを立てている物理学者はまずいない。この問いに取り組んだ数少ない物理学者の一人が、アルバート・アインシュタインだった。生涯を通じてアインシュタインは、宇宙の内奥を見極めようと格闘していたのだ。それには、物質を構成する究極の「組み立てブロック」である素粒子の謎に切り込む必要があった。アインシュタインは、自ら編み出した重力理論に「導きの光」を見出したと考えていた。それこそが、一般相対性理論だったのだ。

一般相対性理論によれば、物質はねじれ、ゆがむという。それがまさに、時空構造なのだ。そしてこのねじれこそが、「重力効果」を生み出す。つまり、時空のゆがみこそ、重力なのである。太陽が地球を引きつけ、同じ軌道に永遠に縛りつけているように見えても、実際にはそんな力など働いてはいない。太陽の質量が周囲の時空をゆがめ、峡谷のようなひずみを与えると、地球はさながらボールに入ったおはじきのように、その峡谷の縁の周囲を巡るようになるというのが実態なのだ。もっとも肉眼では、この峡谷を捉えることはできない。なぜなら、それは四次元時空に存在しているからだ。これは、紙のような二次元世界の住人には、三次元世界を捉えることができないのと同じなのである。

一見すると、惑星のような天体の運動を記述する理論と、素粒子の究極の性質に光をあてる理論との間になど、関連性があるとはとても思えないだろう。ところが、素粒子は定義上、宇宙で最も単純な物質なのである。とすれば、素粒子を構成している「組み立て物質」も、ごくごく単純な物質に違いない。そして、アインシュタインが気づいていたように、この「組み立て物質」は、空間や時間と同じくらい単純なものなのだ。これこそが、一般相対性理論の「原材料」なのである。

アインシュタインの理論が描き出しているのは、空間と時間が物質によってゆがめられる様である。ただしこの理論では、時空が未知の方法でゆがめられる可能性もあるとされている[17]。少なくともアインシュタインには、そんな含みがあったのだ。たぶん、一般相対性理論のおかげで、空間内にはある種の微視的な「ゆがみ」が存在する可能性が生まれたのである。そしてそれは、まさに質量を持つ微細な物質のように振る舞ったのだ。残念ながら、アインシュタインの望みはくじかれる運命にあった。ベストを尽くしたにもかかわらず、アインシュタインには、空間内に局在する「渦巻き」を見つけ出すことができなかった。その渦巻きとは、電子のような素粒子に似た存在である。

ところが、アインシュタインの死後、その意志を受け継ぐ者が現れた。そうした後継者には、一九六〇年代に登場したチャールズ・ミスナーと「ブラックホール」という用語の生みの親であるジョン・ウィーラーがいる。ところが、この二人の物理学者もまた、輝かしい業績を残した先人同様、「レンガの壁」にぶち当たってしまったのだ。

ここで、マーク・ハッドリーの登場となる。「粒子とは何か？」と自問していたハッドリーは、ふとしたきっかけから、アインシュタインはもちろん、ウィーラーやミスナーの研究と出会うことになった。この出会いでハッドリーは、先人たちが研究の王道を歩んでいたことを確信することになる。ハッドリーにとりわけ衝撃を与えたのが、彼らの取ったアプローチの一つだった。一般相対性理論に素粒子さながらの振る舞いを見出そうとしていた彼らは、局所化したゆがみを時空構造ではなく、ただ単に空間内に探し求めていたのだ。

それは、驚くべき見落としのように思えた。つまり一般相対性理論が描き出しているのは、物質が空間ではなく時空をゆがめている様なのである。時空とは、時間と空間が一つに混ざり合ったものにほかならない。時間と空間は、同じコインの表裏にすぎないのだ。時空は、日常生活とは程遠い対象である。とはいえ、アインシュタインは以下のことに気づいていた。それは、光速に限りなく近い速度で旅をすることができれば、つまり、秒速三〇万キロという光速に限りなく近い速度での「超強力な重力体験」が可能であれば、ぼやけたベールは目の前から引き上げられるだろうということだ。そうなれば、にわかに時間と空間とが一つになった世界が垣間見られることだろう。こうして、宇宙を三次元空間に時間を加えたものと見るのではなく、「四次元時空連続体」と見るのも理にかなったことになったのである。[18]

では、アインシュタインをはじめ、ウィーラーやミスナーが一般相対性理論に込められたメッセージを無視し、素粒子を空間内の単なる「ゆがみ」と解釈しようとしたのは、なぜだったのか？それには、もっともな理由があったのである。微視的粒子と同じく、局在化しているように見える時空の微小なかけらは、ひどくゆがめられることになるらしいのだ。ひどくゆがめられた時空には決まって、ひどくゆがめられた空間と時間が畳み込まれている。このうち、ひどくゆがめられた空間の方は、アインシュタインらを特に悩ますことはなかった。ところが、ひどくゆがめられた時間の方は、彼らを不安に陥れることになったのである。

たぶん、時間はひどくゆがめられることで、ループピングしてしまうのかもしれない。これがもし、日常世界で起きるとすれば、とてつもなく奇妙なことが起こりうるだろう。雨が降り出す前に、雨のしずくが顔に落ちてきたり、家を出る前に職場にたどり着いていたり、生まれる前に死んでしまうというようなことになるかもしれないのだ。物理学者なら、こうした奇妙な現象は、「因果律」に抵触すると言うだろう。因果律とは、原因が必ず結果に先んじていなければならないとする発想だ。これは、物理学の世界では、最も重要視されている発想の一つである。因果律が成り立たず、しかもそれが日常体験に何の秩序も与えないとすれば、この世界はまったくのカオスになってしまうだろう。そうなれば、物理学という建物全体が崩壊してしまうはずだ。少なくとも、このことがアインシュタイン、ウィーラー、ミスナーが恐れていたことだったのである。

ところがハッドリーは、事態はそれほど深刻なものにはならないだろうと考えていた。数々の偉大な業績を残したにもかかわらず、アインシュタインは、一般相対性理論に関する二大予測については、間違っていた。アインシュタインは、「ブラックホール」という概念を認めようとはしなかった。ブラックホールとは、重力が光そのものを吸収してしまう宇宙領域のことだ。アインシュタインはまた、宇宙が「爆発」の余波を受けて膨張しうるとは考えていなかった。では、アインシュタインは、三つ目の予測についても間違っている可能性があるのだろうか？　つまり、因果律を犯してしまえば、物理学が崩壊してしまうために、そんなことは絶対に起こりえないという予測について、正しい判断を下せないことになるのだろうか？

ハッドリーによれば、アインシュタインらは、目の前に広がる道の存在を知ってはいたが、そこを実際に歩んでいくことはためらったのだという。ところがハッドリーは、その道を突き進むことに決めたのだ。一般相対性理論の理念を徹底的に貫くことで、ハッドリーは、素粒子が空間内に局在化したゆがみではなく、時空内におけるそれであるという認識を切り拓こうとしたのである。

ハッドリーは、一九七九年にウォーリック大学物理学科を卒業し、産業界で働いていた。手持ちの数学では、一般相対性理論という手ごわいツールにはとても歯が立たないと悟ったハッドリーは、ウォーリック大学へ戻り、修士号を取るための研究に取りかかった。その後ハッドリーは、博士号を取得することになる。「科学の世界で真の前進を望むなら、常に危ない橋を渡らねばならない」と言うのは、ウォーリック大学でハッドリーの指導教授だったジェラルド・ハイランドである。「そうした戦略をとることで、マークはとてつもない冒険を冒したのだった」。

因果律の侵犯を悪夢とは考えなかったハッドリーは、むしろそこに肯定的な意味を見ていたのだった。実際、因果律の侵犯は、現代物理学における大問題の一つを解き明かす手がかりになる可能性があるようだった。その大問題とはもちろん、一般相対性理論と量子論とを一つに結び合わせる方法である。

なぜ相対性理論と量子論とは一つに結び合わされるのか？

一般相対性理論とは、重力理論である。ところが、原子やヒトのような小さな物体間に働く重力は、あまりにも微弱なために、気づかれることもない。重力が、はっきり感じ取れるようになるのは、惑星をはじめ、恒星、銀河、さらには宇宙全体といった、巨大物質の集積体の間でそれが働く場合だけだ。つまり本質的には、一般相対性理論はとてつもなく規模の大きな対象についての理論なのである。それに対して量子論は、極微の対象、つまりは原子やそれを構成する粒子が作りなす微視的世界に関する理論なのだ[19]。

一般相対性理論と量子論とは、一見重なり合うことがないようなひどくかけ離れたサイズの領域に関わっている。そのため、両者を一つに結び合わせて、統一理論に仕上げるという差し迫った必要性などないように見える。だが、この「見かけ」にだまされてはいけない。現在の宇宙が広大無辺であるとはいえ、それが常態というわけではなかった。観測によれば、宇宙は今膨張しつつあり、それを構成する銀河も宇宙空間に散らばった榴散弾の破片のようにバラバラになりつつあるのだという。この事実から天文学者は、かつての宇宙が現在のそれよりも小さかったはずだと結論づけている。事実、宇宙の歴史が、逆回しされた映画のように逆行していくとすれば、約一二〇億年から一四〇億年前の宇宙の大きさは、原子一個よりも小さかったことになる。これは宇宙を生み出した「ビッグバン」と呼ばれる宇宙規模の爆発の余波をまともに受けて生じた現象だった。とすれば、宇宙の起源を探り当てるにはまず、巨大な対象を扱う一般相対性理論と極微の対象を扱う量子論とを一つに結び合わせねばならないのだ。

不幸なことに、現時点ではそうすることは不可能に近い。二つの理論は本質的に、水と油のように見えるからだ。

相容れない二つの理論

量子論は、光と物質という明らかに相容れない自然の二大特徴をすり合わせようとする苦闘の末に誕生した。物質が「原子」と呼ばれる極微の粒子からできているということは、二〇世紀初頭まで、物理学者の常識になっていた。一方、光は波からできているようだった。それはちょうど、雨水が池に落ちてできた波紋に似ていた。光と物質のインタフェースが物理学で問題にされるまでは、こう考えて何の問題もなかったのである。

このインタフェースは、日常世界にとってはとてつもなく重要だ。熱せられた電球のフィラメント内の原子が光を放射しなければ、家庭には明かりなど、いっさい灯ることはないだろう。眼球の網膜内にある原子が光を吸収しなければ、本書に綴られているような文字を読むことはできないだろう。ところが原子によって光が吸収されると同時に放射されもするという現象は、謎そのものと言える。というのも、原子が空間内のごく限られた領域に閉じ込められた局所的な対象であるのに対して、光波は非局所的な対象であり、比較的広域の空間内に広がっているからだ。吸収された光は、どのようにして原子サイズまで圧縮されるのだろう？　光を放つ場合、原子はどうやってそうした大きな対象を放出するのだろう？　ここから明らかなように、原子か光、あるいはその両方に関する現代科学の捉え方には、明らかに誤りがあるのだ。

常識からすれば、光が原子のように局在化した微小な対象によって吸収されたり放射されたりしうるのは唯一、それが原子と同じように局在化された微小な対象である場合に限られる。二〇世紀初頭の数十年間に登場した驚くべき自然像とは、光が空間内に広がる波であると同時に、ある一点に局在化した粒子にほかならないというものだった。それは、不気味で分裂した実在だったのだ。その振る舞いは、池にできたさざ波のようでありながら、粒子の流れのようでもありえたのである。ちなみに、この「光の原子」は後に、「光子」と呼ばれるようになった。

事実、新たに登場した「量子」による世界観は、これ以上に不気味なものだった。それによれば、光と物質との間には、完璧な対称性が見られることが明らかになったのだという。光は粒子のように振る舞えただけでなく、粒子も波のように振る舞えたのである。多くの物理学者を狼狽させたのだが、物質を構成するブロックは、捉えどころのない対象であることが明らかになった。それらは、分類不能だったのだ。つまりそれらは、ある時には波になり、またある時には粒子になったのである。ところが現実には、それらは波でもなければ粒子でもなく、日常世界には対応するものなど何一つ見られない対象だったのだ。つまりそれは、言語によっては言い表せない「何か」だったのである。

ところが、この新たに登場した「光と物質に関する革命的描像」は、不気味なだけではなかった。この点に初めて気づいたのはアインシュタインだったが、従来の物理学にとってこの描像は、カタストロフそのものだった。それは、それまでのあらゆる対象とはまったく相容れないものだったからだ。

家に窓を切ったとしよう。窓を注意深く見つめていると、そこにはうっすらと自分の姿が映るだろう。ガラスは完全に透明ではなく、窓に当たった光の約九五パーセントしか透さずに、残りの五パーセントは反射してしまうのだ。この現象は、光が波であると考えれば、難なく理解できるだろう。この波はいとも簡単に大きな波へと分裂し、それよりさらに小さな波が折り返して元の波にぶつかることになる。これと似た現象は、高速モーターボートが生み出した船首波が、沈みかけた流木にぶつかった時にも現れる。ところが、光が波であると考えれば素直に納得のいくことも、光が弾丸のような同一の光子が作る流れと考えると、話はとてつもなく厄介なものになる。

問題は、まさにこの点にあるのだ。すべての光子が同一であるとすれば、窓に当たったたった一つひとつの光子が、まったく同じような影響を受けると考えるのは、理に反している。今問題にしているのは、厚さも透明度も瓜二つの均一な窓である。とすればどうして、光子の九五パーセントがガラスを通過し、五パーセントが反射されてしまうのか？　どう見ても、こんなことはありえないのだ。もっとも、「同一」という言葉を定義し直せば話は別なのだが。

これは、一九二〇年代に物理学者が無理矢理押しつけられた「苦肉の策」だった。光子の世界で「同一」といっても、それは日常世界における「同一」とはわけが違う。そこには、そぎ落とされた意味しか含まれていないのだ。光子の世界で「同一」といえば、何かをする際の「蓋然性」が等しいという意味が込められているのである。窓に当たる光子一つひとつには、窓を通過する確率が九五パーセント、反射される確率が五パーセント、与えられている。任意の光子が窓を通過するか反射するかを予測することはできない。つまり、すべては偶然のなせるわざなのだ。光子に言えることは、あらゆる微視的粒子についても当てはまる。何が起きるかは、本質的に予測不可能なのだ。宇宙全体がランダムな偶然性の上に成り立っているというのは、実に衝撃的な真相なのである。

光と物質は「量子《クオンタ》」と呼ばれる不連続量として捉えることができるという事実を受け入れた瞬間から、以上の結論を避けることはまるで不可能になる。アインシュタインから見れば、量子論とは、物理学における災厄だった。生涯最後の日までアインシュタインは「神は、宇宙とサイコロ遊びをしない」と断言していた。ところが不幸なことに、「神は、サイコロ遊びをするだけでなく、人智がおよばない領域にそれらを投げ放ってもいるのだ」と指摘するのはスティーブン・ホーキングである。

これこそが、量子論と一般相対性理論とが根本的に相容れない点なのだ。一般相対性理論は、従来のあらゆる物理学理論同様、未来を予測するためのレシピである。ある惑星が、今ここに存在しているとすると、日中には一般相対性理論の予測通に、彼方に移動してしまうだろう。一般相対性理論を駆使すれば、あらゆる現象は確実に予測することができる。これを量子論の場合と比べてみよう。空間内を飛ぶ原子について予測できることといえば、それが最終的に落ち着く位置と、それがたどる道筋だけである。空間内を移動する物体の軌道のような、一般相対性理論を根底から支えている礎は、量子論に言わせれば、まったくの虚構なのだ。

したがって、物理学者が直面しているのは、蓋然性を扱う理論と確実性を扱う理論とを一つに結び合わせるという課題なのだ。これを「挑戦」と呼ぶのは、やや控えめな表現になろう。

どちらが、メタ理論なのか？

一般相対性理論と量子論とが、二つとも正しいということはありえない。どうにかビッグバン直後の状態(全宇宙が原子一個よりもはるかに小さく圧縮されている状態)に戻れたとして、二つの理論のうちの一つは破綻してしまうだろう。その場合、破綻するのは一般相対性理論になる公算が強い。なぜそう言い切れるかといえば、一般相対性理論そのものに「自壊の種子」が宿されているらしいからである。宇宙の膨張が逆向きに進行するとすれば、宇宙は際限なく矮小化し、高密度化し、高温化するだろう。言い換えれば、宇宙が無限に高密度化し高温化する点が最終的に訪れるのだ。この点は、専門用語で「特異点」と呼ばれる。この特異点は、時間における特異点である。ところが、一般相対性理論によれば、同じく空間にも複数の特異点が存在するという。そうした特異点が生じるのは、重力が引き金となって恒星が止めどもなく収縮していき、ついにはブラックホールになる場合である。予測によれば、問題の恒星はますます高密度化し、際限なく温度を上げていくのだという。

温度等が、無限に上昇していく複数の特異点など、物理的にはありえない。特異点とは、一つの理論が、もはや五感とは無縁の領域へと拡張されている事実を明確に示す存在だ。同じような特異点は、二〇世紀初期にも物理学の世界でおぼろげながら現れていた。

ニュージーランドの物理学者、アーネスト・ラザフォードらは、数々の実験を通じて、原子が小さな「核」から構成されていることを明らかにした。この原子核のおかげで、物質の質量の大半が生み出されていたのであり、原子核の周りにはちょうど、キャンプファイアーの周囲を蛾が巡るように、超軽電子が巡っていたのである。当時問題になっていたのは、回転運動によって光を生み出すことになった電子が、急激にエネルギーを失い、螺旋を描きながら中央部にある原子核へと落ちていくのではないかという点だった。つまり、電子が一〇〇万分の一秒という短時間で、無限とも言える濃密な電荷を帯びた「特異点」内に積み上がっていくのではないかというのである。物理学はこの時点で、「原子の非存在性」を予測していたようだった。

最悪の事態は、若きデンマーク人、ニールス・ボーアの健闘により回避されることになった。ボーアは、光を、さながら弾丸のように浴びせかけられる不連続量として捉え、この発想を大胆にも原子に当てはめたのだった。原子核の周りを回る電子は、各種のエネルギーを備えた光を放つことが、おいそれとできるわけではなかった。電子にできることといえば、ボーアが主張していたように、一定の大きさのエネルギーを束のようにして放射することだけだった。これらは、後に「光子」と呼ばれることになる。放射されうる光に対する締めつけがあまりにも厳しいため、電子はエネルギーを失い難く、ましてや、全エネルギーを失うなどということはありえなかったのだ。[20] こうして電子は、螺旋を描きながら原子核へと落ちていくこともなく、原子も安定した状態を保っていたのである。

量子論によって、原子の中心部における特異点がものの見事に解消されてしまったという事実は、現在にまで影響をおよぼしている。こうして、量子論を駆使すれば、ビッグバンにおける特異点やブラックホールの中心部に見られる特異点までをも解消できるのではないかという希望が物理学者に湧いてくることになったのだ。現在、量子論とは一般相対性理論よりもはるかに基本的な理論であり、一般相対性理論が量子論から導き出されることが明らかになるだろうとの見方が大勢を占めるようになっている。

こうした状況下で異説を貫き通すというのは、勇気ある人物にしかできないことだろう。マーク・ハッドリーこそ、まさにそうした人物の典型なのだ。ハッドリーは、量子論が、アインシュタインの唱えた重力理論から派生したものであると主張することで、従来の発想を一新しつつある。誰もが、確実性が不確実性から生じうる仕組みを突き止めようと躍起になっている一方で、ハッドリーはその逆の仕組みを見出せるはずだと確信している。ここで問題となるのは、アインシュタインに悪夢のような白昼夢を見させた「因果律の侵犯」という現象なのだ。

確実性から生じる不確実性

電子のような亜原子粒子とは、劇的にゆがめられてしまうために、結び目のようなかたちにねじれてしまう「時空の微小領域」にほかならない。これが、ハッドリー仮説の本質だ。この領域には例外なく、時間ループが備わっている。「時間ループは非常に重要な構成素であり、そのおかげで一般相対性理論は、量子論の効果を再現することができるのだ」とハッドリーは言う。

時間ループは、競技場のような結び目状になっている。物理学者はこのループを「閉じた時間的な曲線」と呼んでいる。もっとも、それは一般的に、「タイムマシン」の名で知られているのだが。つまりハッドリーは、素粒子(ということはすべての人間)が、タイムマシンからできていると主張しているのだ。

日常世界では時間の流れは一方向であり、その流れは、無情にもただ未来へと向かうばかりである。ところが、「タイムマシン」の視点から見れば、時間とは、過去にも未来にも同じように向かうことができる「双方向の流れ」なのだ。[21] 非常に重要なのは、時間ループを含み持った素粒子が、過去の出来事はもちろん、未来の出来事の影響をも受けるという点なのである。「驚くには当たらないが、このことによってすべては一変するのだ」とハッドリーは述べている。

ここでしばらく、この現象の意味について考えてみよう。現在に影響をおよぼす唯一の出来事とは、過去の出来事である。今朝目覚めた時に悪寒がしたのは、きのう、周囲の誰かがくしゃみをしていたせいだ。自分が今ここに存在しているのは、両親が偶然出会い、たちまち意気投合したためだ。ところが、未来の出来事も同じように現在に影響をおよぼすとすれば、人生はまるで違ったものになってしまうだろう。

では「今ここでの状態」が、明日の出来事によって決まるとしてみよう。たとえば、本書を読んでいるかどうかを考えてみていただきたい。ひょっとしたら、バスにはねられて死んでしまうかもしれないし、そうならないかもしれない。こうした特殊事例では、今日の状態を左右する未来の出来事同士は、相容れないのだ。殺されると同時に、殺されないという状態を経験することなど不可能なのである。その結果、現状は必ずしも十分には定義されないだろう。本書は、読まれているのか、それとも読まれていないのか？　それが未来の出来事にかかっているのだとすれば、一〇〇パーセント確かなことなどありえないのかもしれない。

同じように、素粒子の特性(つまりはその正確な位置)が、未来に生み出されうるような測定方法によって決まるのだとすれば、問題の粒子の位置もまた同じくあいまいなものになるだろう。粒子の位置がここに一〇〇パーセント確実に存在しているなどということはできないだろうし、一〇〇パーセント確実にそれが特殊な振る舞いを見せるなどと言い切ることもまた不可能だろう。唯一言えるのは、粒子がある確率でここに存在しており、特殊な振る舞いをある種の確率で見せているということだけなのだ。こうして奇跡的なことに、時間ループには、確実な性格を帯びた一般相対性理論から、不確定な量子論を推測することができるのである。ここから、水と油の関係にある一般相対性理論と量子論とを、一つにまとめ上げるという望みが生じてくるのだ。

ハッドリーはまた、こんな発想を抱いてもいる。「ある盲人が、ボールをゴミ箱に投げ入れているとしてみよう。ボールをゴミ箱へ入れるには、それを正しい方向にしかるべき速さで投げてやりさえすればよい。ゴミ箱を動かしたとしても、ボールがたどる道にはまったく影響をおよぼさないだろう。ところが、ロープを揺さぶる場合には、ロープに沿って伝わる波の形状は、ロープの両端で起こっている現象に左右されてしまう。たとえばロープがゆったりとした状態にあるのか、ある程度張った状態にあるのかによるというわけだ」。

物理学者は、いくつかのインターバルの両端に加えられた制約を「境界条件」と呼んでいる。「量子とロープとには、共通点が非常に多い」とハッドリーは言う。「もう一方の端も存在する。それは未来における未知の境界条件である。つまり、すべてが決定されているわけではないのだ」。

ハッドリーによれば、この未知の境界条件とは、量子的な出来事が確実には生じず、それが唯一特定の確率としてしか起こらないという謎そのものだというのだ。「複数の確率とは、根本的なものではないが、境界条件のいくつかが決定されていないために存在している」とハッドリーは言う。「それは正確な初期条件がわからないために、一枚のコインを投げたときに表と裏のどちらが出るかを予測することができないのと似ている。つまり、コインを投げる速さと方向性、さらには投げた回数の影響などを予測することができないというわけだ」。

粒子の位置を正確に割り出すことができないという点については、このくらいにしておこう。時間ループを持ち出せば、現象すべてを説明することができるのだろうか？　ハッドリーによれば、できるのだという。時間ループという概念に頼れば、「非局所性」という謎は氷解しうるというのである。

一つになった（正確に言えば「同じ量子状態で生み出された」）素粒子は、その後永遠に、幻のような絆を分かち合うことだろう。瓜二つの双子さながらに、そうした粒子は離ればなれになっている場合ですら、お互いを「わかり合っている」ようなのだ。

正反対の向きの「スピン」を持つ二つの粒子を考えてみよう。それぞれのスピンは常に正反対を指している。一方の粒子が月の向こう側（あるいは宇宙の向こう側）へ向けられていても、そのスピンの方向があっという間に反転してしまえば、もう一方の粒子も同時に反転してしまうだろう。

地球上の粒子が瞬時に反応してしまうというのは、信じられない現象だ。それはちょうど、粒子の片割れが向きを変えてしまったという知らせが、無限速度で地球へ伝えられるようなものだ。ところが（この点に初めて気づいたのがアインシュタインだったのだが）、いかなる物質や信号であれ、光速より速く伝わることは不可能なのである。もっとも、とてつもない速さだとはいえ光速は、無限ではないのだが（光は月から地球へ約一秒で伝わる）。

宇宙に存在するすべての物質は、不気味なかたちで結ばれている。というのも、すべての粒子はビッグバンにおいて、同じ状態で結び合わされていたからである。ヒトはもちろん、はるかかなたに広がる銀河までもが、粒子で構成されているのだ。粒子間に見られるこの「不気味な」つながりは、宇宙空間における速度限界を侵犯していた。そのためアインシュタインは、量子論が間違っているということを示すためにこの事実を引いたのだった。アインシュタインにとっては不幸なことだったのだが、一九八〇年代初頭以来、複数の研究所で行われてきた精緻な実験結果によって、粒子が瞬時のコミュニケーションを実際にとりうることが立証されているのだ。

とはいえ、量子論はいまだに、究極の速度限界である「光速」と共存している。というのも、粒子間で瞬時に伝達されうるのは、ごく限られた種類の情報だけだからである。意味深長なメッセージを送り届けることなど不可能というわけだ。

複数の実験により、正しいのは量子論であって、アインシュタインは間違っていたということが立証されている。とはいえ、そのために物理学者には、粒子が光速を超える速度でコミュニケーションを取り合っている仕組みを解き明かすという課題が残されている。

ハッドリーによれば、素粒子に時間ループが備わっているとすれば、この問題は完全に氷解してしまうのだそうだ。粒子にとって過去、現在、未来がどれも同じものだとすれば、ある意味で素粒子は時間外に存在していることになる。とすれば、事が起きてしまう前に、粒子と出来事の接触を妨げてしまうものなど存在しないということになる。ハッドリーによれば、これこそが、一方の粒子が、反転した片割れの動きに瞬時に反応する際に起きている現象なのだそうだ。粒子はただ、出来事の知らせが届く前に、反応しているにすぎないのである。

漏れ出す時間

では、物質を構成している原子の「組み立てブロック」にタイムマシンが備わっているとすれば、なぜそうしたブロックは日常世界を大混乱に陥れていないのだろうか？　未来の出来事は、現在に影響をおよぼしているとは思えない。家を出る前に職場に到着することはないし、生まれる前に死ぬことはないのである。『ドクター・フー』〔イギリスBBCのSFドラマシリーズ〕での話は別として、タイムマシン作りに精を出してきたような人物など誰一人としていないのだ。

この点が自説の重大な欠陥であることは、ハッドリーも認めている。時間ループに潜む悲劇的な影響が漏れ出さない限り、問題のループはかろうじて、われわれの住む日常世界から覆い隠されたままになっているはずだ。では、そうした悲惨な結末を未然に防いでいるものとは何だろう？「物理学の世界でそんな役回りを果たしうるのは、ただ一つしかない」とハッドリーは言う。「それこそが、事象の地平線なのである」。

事象の地平線は、ブラックホールの周囲に存在する「表面」だ。それはちょうど、「一方向性膜」のようである。この膜に放り込まれると、物体はブラックホールの強烈な重力から逃れられなくなるのだ。実際、ブラックホールから抜け出ることができるものなど皆無であり、光ですら逃れ出ることはできない。その上また、ブラックホール内の物体は外界に影響をおよぼすことも不可能なのだ。ブラックホール内部は、事象の地平線によって、外宇宙から見事に隔離されているのである。

こうしてハッドリーは、時間ループが事象の地平線の背後に見事に隠れてしまっていると推測しているのだ。事実、時間ループは、回転している巨大なブラックホールの内部に存在しているとされているために、内部に時間ループを備えた微視的なブラックホールが存在する可能性は、いっさいありえないということになる。それでは次に、微小なタイムマシンにほかならない素粒子について考えてみよう。それは、ブラックホール内部に存在するのだ。

ハッドリー仮説のアキレス腱

ハッドリーは、素粒子が時空の結び目であるという発想を、博士論文で立証した。一九九八年のことである。論文審査に当たったのは重力研究の専門家で、ロンドンはインペリアル・コレッジのクリス・アイシャムだった。「私が理論の正当性を主張し始めた時、アイシャムはこちらの言うことが、何もわからないと言った」とハッドリーは言う。「それで、とても不安になったのだ！」アイシャムの厳しい尋問は、四時間半も延々と続いた。本人も認めているのだが、その間のハッドリーは、「絶望的な」状態にあったのだそうだ。ところが、そうしたもろもろの事情があったにもかかわらず、ハッドリーには博士号が与えられたのだった。「審査員が情け容赦のない人物であったなら、ハッドリーはものの見事に不合格になっていただろう」とジェラード・ハイランドは述べている。

ハッドリー論文に対するその他の物理学者の反応は、控えめに言っても黙殺だった。「ハッドリーは、一般相対性理論と量子論とをつなぐ大胆で新たな方法を思いついたのだ」と言うのはロサンゼルスにある南カリフォルニア大学のヨナス・ムレイカだ。「われわれにできることはといえば、ハッドリーの説が正しいかどうかについて、思索をめぐらすことだけなのだ」。

ハイランドもまたこれと同じ感情を抱いている。「それは、とてつもなく新奇な発想なので、現時点では立証することも、反証することもできないのである」とハイランドは言う。「私は常々、非常に疑り深い立場をとってきたが、率直に言って、ハッドリーの発想がだんだんと気にかかるようになってきている」。

アイシャムはいまだに、ハッドリーの説には納得していない。「ハッドリーのアプローチは確かに興味深いが、それは思索の域を一歩も出ていないのだ」とアイシャムは言う。「これはとても重要なことなのだが、ハッドリーが思いついたのは、正当な理論からは程遠いものだった。実際そこには、実質的な中身など何もなかったからだ」。

ハッドリーはこの点を重々承知している。ハッドリーが明らかにしたのは、量子論が原理的に一般相対性理論から導出されうるという事実だった。ここで「原理的に」という言い回しは非常に重要だ。「私は、いまだに量子論を説明しきれていない」とハッドリーは認めている。「とはいえ、私の経験から言って、量子論を重力によって説明することは可能なのだ」。

ハッドリー仮説のアキレス腱とは、一般相対性理論が認めている、高度に局所化した時空のゆがみを説明できないという点である。もっとも、ハッドリーは素粒子のためのレシピを提示してはいるのだが。一般相対性理論はおもに、物質のようなエネルギー源が時空をゆがめる仕組みを予測する。時空のゆがみの正確な形状を探り当てること。それこそが、アインシュタインの「重力場方程式」の「解を見出す」ことにほかならない。不幸なことに、この重力場方程式は、とてつもなく複雑なため、その厳密な解を探り当てるのは至難の技であることが知れ渡っている。たとえば、回転するブラックホールを記述する解が、ニュージーランドの物理学者ロイ・カーによって発見されたのは、一九六二年のことだった。これは、アインシュタインが一般相対性理論を世に問うてから約半世紀も後のことだったのである。

ハッドリーは今も、「自説固め」に余念がない。ウォーウィック大学の非常勤職にあるハッドリーは、素粒子の「模型」を駆使していくつかの研究成果をあげてきた。もっとも、それだけでは懐疑派を納得させるには十分とは言えないのだが。とはいえ、そうした研究成果には、いくつかの興味深い特性が含まれている。たとえば、ハッドリーの模型には電子のスピンと磁気特性が組み込まれているのだ。「まだ、その模型が電子の姿を完全に現しているとは言えない」とハッドリーは述べている。「でも、どうやら電子の正体とはこんな形をしているようなのだ」。

ハッドリーはまだ、一般相対性理論を粒子モデルを使って解決しきったとは言えないのかもしれない。とはいえ、ハッドリーは前代未聞の仮説を提出したのである。ハッドリーは、量子論の誕生プロセスを説明しようとしたのだ。つまり、量子論はひょっとしたら、古臭い古典物理学から生み出されたのかもしれないのである。アインシュタインは、量子論が究極の物理学理論だとは考えておらず、その根底には、何か別の原理が潜んでいるはずと信じていた。ハッドリーの発想を生み出したのが、アインシュタインのどんな発想なのかと不思議がる向きもあるだろう。「アインシュタインは、量子論のいくつかの特性を認めていたのかもしれない」とハッドリーは言う。「けれども、とりわけ因果律を侵犯してしまうような特性については、忌み嫌っていたのだろう。とはいえ、膨張宇宙や膨張するブラックホールといった一般相対性理論から生まれたその他の予測については、アインシュタインは間違っていた。アインシュタインは、因果律の侵犯についても間違っていた可能性があるのだ」。

ハッドリーの唯一感心な点は、勇気を振り絞り、経歴にキズをつけることも恐れず行動したことだろう。この勇敢な行動が実を結び、ハッドリーがアインシュタインの後継者となるかどうかは、時間だけが、いや、ひょっとしたら時空だけが教えてくれるのかもしれない。

＊　＊　＊

量子論とアインシュタインが編み出した一般相対性理論とを一つに結びつけること。この目標を目指してハッドリーが歩んでいる道は、孤独な裏通りだ。一方、他の物理学者たちは、八車線もある高速道路を進んでいる。その道は「ひも理論」と呼ばれており、それによれば、物質を構成する素粒子は、バイオリンの弦さながらに振動している極小の「ひも」の集まりなのだそうだ。ひも理論の専門家たちは現在、大いに盛り上がっている。というのも、ひも理論に重力が何らかのかたちで（もっともそれは、必ずしも一般相対性理論とは限らないのだが）含まれているからだ。やや込みいった話になるのだが、ひも理論で言う「ひも」は、一〇次元世界で振動している。残る六つの次元は、不幸なことに、これまで見過ごされてきたというわけだ。

余剰次元は長らく、SF世界の「寵児」だった。それは、亡霊の住まう領域であり、影の宇宙領域だったのである。ところが物理学の言う「余剰次元」とは、それとは縁もゆかりもないカテゴリーに属している。多くの物理学者が、その存在を信じているのはもちろん、中には、向こう数年内に、それを実験によって立証できると考える者もいるのである。

余剰空間次元は、存在している可能性があるのはもちろん、数年のうちに姿を現すのかもしれない。

私は、長さ、幅、厚さのような空間の四番目の次元について考えています。資材の節約と配置の便利さで、絶対にこれに太刀打ちできるものはないでしょう。土地の広さについては、言うまでもありません。現在ワンルームの家が建っている地所に、八部屋ある家を建てることができるのです。

ロバート・ハインライン／河合宏樹訳『歪んだ家』

高次元空間を、世界のさまざまな現象を結びつけている一連の現象の背景として見ることができる。

ルディー・ラッカー／金子務監訳・竹沢攻一訳『4次元の冒険』

第5話 五次元物語

二〇〇六年一二月のことだ。ジュネーブ近郊にある大型ハドロン衝突型加速器はちょうど一回目の実験を終えたばかりだった。舞台になっているのは、地中深くに作られた薄暗いコントロール・ルームだ。コンピュータのディスプレイには、二つの粒子現象のカラーコード化された軌跡が活気づいている。それは、大型ハドロン衝突型加速器（LHC）に備えつけられている大型堂ほどもある検出器の一つが捉えた無数の現象から選び出されたものだ。その様は、この巨大実験の立ち上げに全精力を傾けてきた物理学者たちにとって、ひどく感動的な光景である。彼らは、旧友と久しぶりの再会を果たしたかのように、歓喜の声を上げ、はしゃぎまわっては抱擁し合っているのだ。

分割スクリーンに映し出された二つの粒子現象のどちらにも、Zボソンのような亜原子粒子が、電子とポジトロンへ崩壊していく様が映し出されている。一目見たくらいでは、この二つの現象には、見分けがつかない。ところが、よくよく目を凝らして見ると、各現象で生じる電子とポジトロンのエネルギー総量は、一方が九一エネルギー単位であり、もう一方が一〇九一エネルギー単位という具合に、明らかな違いが見られるのだ。(22)

二匹のネズミに突然出くわして、驚いているところを想像してみよう。一匹は普通のネズミだが、もう一匹はなんと体重がゾウ一頭分もあるネズミだとする。なるほど、LHCのコントロール・ルームで歓喜の舞を舞っている物理学者たちの驚きは、計り知れないものだ。というのも、二つ目の現象で崩壊してしまったZボソンが、超重粒子ではないからだ。そしてそれは、紛れもない五次元の兆候なのである。

物理学者の中には、五次元の存在を確信し始めている者がいる。五次元とは、三つの空間と一つの時間というおなじみの時空に、四つ目の空間次元を加えたものだ[23]。さらにまた、スイスのジュネーブ近郊にある、CERN(ヨーロッパ合同原子核研究機構)でLHCが始動すれば、余剰次元が向こう数年のうちに姿を現す可能性があると考える者もいるのである。

五次元が存在しているかもしれないという発想は、決して目新しいものではない。それはかつて、一九二〇年代にテオドール・カルーツァとオスカー・クラインの研究から生み出された発想だ。個別に研究を進めていたにもかかわらず、二人は共に、重力を鮮やかに説明してみせたアインシュタインの発想から霊感《インスピレーション》を得ていたのである。

アインシュタインが、一九一五年に一般相対性理論によって突き止めたのは、重力の力など働いていないという事実だった。ここで、アリの一群が、二次元に存在する「ピンと張りつめたトランポリンの表面」に住み着いているとしよう。アリは、トランポリンの「上下の空間」といった三次元概念をいっさい持ち合わせていない。次に、読者の皆さんか私(三次元に住まういたずら者)が、トランポリンの上に弾丸を置いたとしよう。思い切って弾丸に近づこうとするアリには、その道行きが不思議なことに弾丸の方へ曲がっていくのがわかる。ごく当然のことなのだが、アリは、こうなったのは弾丸に引き寄せられたためと考える。ところが、神の視点とも言うべき「三次元の視点」から見れば、アリの発想が間違っていることがはっきりする。そんな引力など存在していないのだ。弾丸はただ、トランポリンに峡谷のような窪みを作っているだけにすぎず、このことがまさにすべての道が弾丸へ向けて曲がってしまう原因なのだ。

アインシュタインは、その天才的な洞察力によって、われわれがトランポリンの上で暮らしているアリさながらの状態にあることを見抜いたのだった。本来なら地球は、空間内をまっすぐに運行するはずだ。ところが実際は、地球は常に太陽に向けて曲がっていき、その結果それが描く軌跡は、完全な円ではなくなってしまう。この太陽を中心にした運動を支えているのが、太陽が地球におよぼしている重力の力なのだ。ところが、神の視点とも言うべき「四次元の視点」から全体を眺め渡すことができれば、この発想もまた見当違いだということがわかるだろう。四次元は実際、アリが三次元の視点を持てないのと同じように、三次元の住人であるわれわれには、捉えることができないのだ。空っぽの空間に、あまねく広がっている力など存在しないのである。現実には太陽は、前章で見たように、近傍の四次元時空内に峡谷のような窪みを作っているのであり、そのために地球は、太陽の周囲を巡る際、楕円軌道を描くことになるのだ。[24]

アインシュタインが、直接捉えることのできない「高次元空間」という概念によって、重力の力を鮮やかに説明したことに勇気づけられたカルーツァとクラインは、自然に潜む別の「基本力」を説明するために、隠れた次元に注目するようになった。この「基本力」こそ、電磁気力であり、人体内に存在する複数の原子を結び合わせている力だ。カルーツァとクラインは、電磁気力が重力と同じく、アリさながらの狭隘な世界認識しか持ち合わせていないヒトの妄想にすぎないことが明らかになるものと期待していたのである。

アインシュタインが編み出したような四次元理論には、重力だけを収めておくゆとりはある。同じように、電磁気力をも収めようとしたカルーツァとクラインは、さらなる空間次元を持ち出さねばならなかった。ちょうど重力が四次元時空という概念によって説明できたように、重力と電磁気力とを一つにした力は、五次元時空を持ち出すことで説明できるかもしれない。二人は、そんなことを目論んでいたのである。

原子より小さな次元

われわれは自分たちが、三つの空間次元を備えた世界に生きており、一つの時間次元を通じて確実に前進しているのをごく当然のことと思っている。ところが、四次元時空が存在しているということ以上に、宇宙が五次元であるという発想は受け入れがたい。五次元が存在するのなら、その存在は、とうの昔に気づかれていてもよかったはずだ。

だが、必ずしもそうとは言えまい。

高次元が、トランポリン表面に暮らすアリの前に姿を現すという状況を思い描いてみよう。三次元の住人であるいたずら者の生物が手を伸ばし、トランポリン表面からアリをすくい上げて、どこか別の場所に戻してやるということもありうるだろう。ほかのアリからすれば、それは奇跡のように見えるかもしれない。一匹のアリが姿を消したかと思うと、別の場所に姿を現すのだ。問題のアリが、アリ用の監獄に閉じ込められており、しかも二次元世界では、周囲に円を描くだけでアリを投獄できるのだとすれば、アリの行動に目を光らせている看守は、囚人には壁をすり抜けることができるのだと結論づけるだろう。

この世界では、場所によって非物質化したり、物質化したりするというようなことはありえない。そんなことが可能なのは、『スタートレック』の世界だけだ。あるいはまた、鍵のかかった独房から、忽然と姿を消すということもありえない。つまり、余剰な空間次元は、仮に存在するとしても、四次元世界のはるか「上」ないしは「下」に広がっているわけではないのだ。[25] われわれとは実際、もっと特殊な存在なのかもしれない。どんな余剰時空次元でも、約一〇〇〇万分の一ミリメートルの大きさしかない原子を超えて広がっていくことなどありえないのだ。もし広がっていくとすれば、密閉された室内の空気分子も、一つずつ余剰次元へと漏れ出していくことになるのかもしれない。

カルーツァとクラインは、余剰空間次元が、原子よりもはるかに小さな極微のループに「巻き上げられている」と考えていた。このモデルによれば、通常の空間に見られる各点は、余剰次元空間のループなのだという。このループが、微視的世界におよぼす影響には計り知れないものがある。ごく大雑把に言えば、亜原子粒子は通常空間でじっとしている場合ですら、回転車を回しているハムスターのように五次元の小さなループの周囲を休みなく動き回っているらしいのだ。

カルーツァとクラインが思い描いたこの風変わりなイメージの優れたところは、電磁気力を説明するには重宝するという点にある。重力の源が「質量」であるように、電磁気の源は「電荷」である。カルーツァとクラインによれば、電荷とは余剰次元における粒子の運動にほかならないというわけだ。

自然界に存在するこの二つの基本力を、隠れた空間次元の現れと見るカルーツァとクラインの発想は、実に魅力的なものだった。ところが、不幸なことにそこには、若干の問題もあった。自然界に存在する基本力は二つではなく、少なくとも四つはあったのだ。カルーツァとクラインがこの仮説を提出してから数年のうちに、物理学者は二つの「核」力を突き止めた。「強い」核力と「弱い」核力の影響がはっきり現れていた場所は、原子核だった。ちなみに、原子核の大きさとは、原子の一〇万分の一でしかない。このことが災いして、「強い」核力と「弱い」核力は、二〇世紀の声を聞くまでは突き止められることがなかったのである。

基本力に関する理論は、四つの力のうちの半分しか説明していないために、完全な理論とはとても言いがたい。カルーツァとクラインの発想がわきに押しやられたのも驚くには当たらないことだったのだ。とはいえ、自然界に見られる力が、隠れた余剰次元の表れにすぎないとするこの二人の物理学者の優れた洞察力は、物理学の世界に強烈な印象を植えつけることになった。現時点で、四つの力を統一しうる最良の試みといえば、ひも理論ということになろう。この理論では、五つの次元ではなく、全部で一〇の次元が駆使されている。つまりそれは、九つの空間次元に一つの時間次元を加えたものなのだ[26]。

ひも理論では、重力特性は四大次元によって、また電磁気力、強い核力、弱い核力は、六つのコンパクト化された次元によって説明される。通常空間における各点は、余剰次元空間の一つのループというよりは、六つの次元空間のループなのだ！　ではそのループとは、どんな姿をしているのだろうか？　可能性として一番ありうるのは、それが完全に独立した六つのループからできているというものだが、問題のループは実際には、ひどくもつれた結び目のように絡み合っているとも考えられるのだ。

カルーツァ・クラインモデルでは、五次元で回転車を回しているハムスターさながらの動きを見せる粒子によって、電磁気力の源である電荷が説明されていた。ひも理論では、多次元空間に見られる同じような運動によって、強い核力と弱い核力とを生み出す粒子の特性が説明されている。

ひも理論が正しいとすれば、問題となるのは明らかに、残る六つの空間次元がどこに存在しているのかという点だ。この問いに対して、ひも理論家が提出している答えは、カルーツァとクラインのそれと瓜二つである。余剰次元は、非常に小さく巻き上げられているというのだ。ではその大きさはどのくらいなのか？　カルーツァとクラインによれば、それは、原子の一〇の二四乗分の一の大きさなのだという。

ではなぜ、余剰空間はそれほどまでに小さいのだろう？　その長さは、物理学の世界ではとりわけ重要な意味を持っている。それは「プランク長さ」と呼ばれているが、それを説明するには、若干の余談が必要だ。

プランク長さ

アインシュタインが発見したように、空間を湾曲させているのは重力である。湾曲の程度が激しければ激しいほど、重力は大きくなる。もっとも、自ら超極小ループを作る空間以上に湾曲した空間など想像しにくいだろうが。つまり、ひも理論で言う「コンパクト化された余剰次元」は、超強重力に関わっているのだ。

とはいえ、おなじみの重力は、決して強い力ではない。それは、身体をつなぎとめている電磁気力よりも、一の後に○が四二個ついた分だけ弱い力なのだ。事実、自然界に存在する四つの力には、多種多様な力が備わっている。ところが、物質温度を劇的に上昇させることで、膨大なエネルギーを取り出すことができれば、四つの力の強さは、一つにまとまり始めるだろう。物理学者は事実、ビッグバン直後に見られた超高エネルギーおよび超高温状態では、自然界の四つの力は「超力《スーパーフォース》」に統合されていたと考えているのだ。

「力の統一」について一般に言われているところでは、最初に統合されるのは、重力以外の三つの力ということになっている。その後、高エネルギー状態になった段階で、その三つの力に重力が加わるというのだ。「プランク・エネルギー」と呼ばれる超高エネルギー状態では、重力はおそろしく強力となるため、残る三つの力と重力との釣り合いがようやく取れるようになる。こうしてプランク長さに秘められている意義は、今にも解明されようとしているのだ。

物理学で言う高エネルギーとは、「短い距離」と同義である。これは、亜原子粒子が粒子と波という二つの相補的な特性を備えているためだ。事実、原子とその構成素が作りなす世界を記述するための量子論はかつて、「波動力学」の名で広く知られていた。粒子が小さな容積内に閉じ込められているのだとすれば、この波特性には重要な意味がある。つまり、問題の波は丸まっているのである。それは、広がっているというよりは、一定の場所に局在する変動の激しい波になっているのだ。言い換えれば、この波の運動はダイナミックで、そのエネルギーも増大している。そのため、原子核と連動している核エネルギーは、原子にまつわる化学エネルギーの一〇〇万倍にもなるのだ。原子核内の粒子は、「原子」という名の箱よりも一〇〇万倍も小さい箱に収められているのである。

短い距離が、高エネルギーに関わっているという事実を踏まえるなら、プランク・エネルギーに関わる距離を問題にすることができるだろう。ちなみにその答えは、原子の一〇の二四乗分の一の距離ということになる。このおそろしく短い距離は、「プランク長さ」と呼ばれている。

だからこそ、ひも理論家はもちろん、カルーツァやクラインまでもが、余剰空間次元がプランク長さくらいの大きさに巻き上げられているると主張しているのだ。巻き上げられた次元には、超強重力が関わっている。超強重力は、プランク長さに応じたプランク・エネルギー内に存在する。ひも理論家によれば、プランク長さとは、コンパクト化された余剰空間次元にとっても「自然な」物理尺度なのだそうだ。

ところがここへきて、この前提を疑問視する物理学者が現れ始めている。超強重力は確かに、巻き上げられた空間次元のようにひどく湾曲した空間と関わっている。ところが物理学者によれば、それを重力の中で最強のものとするだけの根拠はないのだという。つまりそれが、プランク長さというスケール内に存在する重力であるという保証はどこにもないというわけだ。一九九〇年に、パリにあるエコール・ポリテクニックのイグナティオス・アントニアディスは、問題の余剰次元がプランク・スケールよりもはるかに大きい可能性があることを示唆した。「プランク長さが、自然な物理尺度であることはさておき、余剰次元がプランク・サイズである必然性は何一つなかったのだ」と述べるのは、アリゾナ大学のケイス・ディィネスだ。

余剰空間次元がプランク長さよりはるかに大きいのだとすれば、そこからは、ワクワクするような可能性が生まれてくる。「余剰次元の影響は、巨大な統一エネルギー（おそらくはＬＨＣによって得られるエネルギー状態ですら）よりも低いエネルギー状態にある粒子にもおよぶ可能性がある」とディネスは述べている。「余剰次元はおそらく、近いうちに姿を現すことだろう」。

では、余剰次元はどのように姿を現すのだろうか？　とりあえず言えることは、ＬＨＣ実験を行っている物理学者が、穴に落ちたウサギさながらに余剰次元へと姿を消していく粒子を目の当たりにすることだけはないだろうという点だ。コンパクト化された余剰次元の特徴は、それよりもはるかに「かすかな」ものなのだ。これは、七〇年以上も前にカルーツァとクライン自身が認識していた点でもある。余剰次元は、亜原子粒子の波特性と関わっているはずなのだ。

プランク長さよりも大きく

亜原子粒子に、波のような特性が備わっているということはつまり、それらが空間内のある一点に局在するビリヤード球のような対象ではなく、池に立ったさざ波のように、周囲へと広がっていく存在であるということだ[27]。さて、そしてこれが重要な点なのだが、コンパクト化された空間次元が存在するならば、亜原子粒子の波特性は、重要な意味を持つことになる。粒子に十分なエネルギーが備わっており、高エネルギーが短い距離にほかならないことを踏まえるなら、問題の波特性は、余剰次元へと広がっていく可能性があるのだ。

ここで、小箱のような部屋に向かって叫んでいるところを思い浮かべてみよう。閉鎖空間内を音波がかけ巡ることで、音響効果が生じるだろう。同じ現象は、粒子波が微小な余剰空間次元へと広がっていく場合にも現れる。音波エコーもまた、音波にすぎない。だがここで、波と粒子がコインの表裏のような関係にあったことを思い出しておこう。つまり、粒子波のエコーもまた、亜原子粒子にすぎないのである。それはちょうど、身近にある亜原子粒子と同じように、手堅くリアルな存在なのだ。「物理学者は、それらをカルーツァ＝クライン粒子と呼んでいる。それらはまさに、余剰空間次元の特徴なのだ」とディネスは述べている。

存在しうるカルーツァ＝クライン粒子の数には際限がない。ここでもう一度、小箱のような部屋のことを考えてみよう。さらに高いピッチの声の持ち主が、その部屋に向かって大声で叫んでいるとする。部屋の中を音波が飛び回ることで、エコーが生じるだろう。ところが今度のエコーは、以前のそれとは違うはずだ。同じように、より高いエネルギーを備えた粒子波が、コンパクト化された次元へと広がっていく場合、毛色の違った粒子エコーが生じる可能性がある。これは、最初に現れたカルーツァ＝クライン粒子が増大したものだろう。同じように、より高いエネルギーを備えた粒子は、さらに大きなカルーツァ＝クライン粒子を生み出すことができる。「余剰空間次元から必然的に生じるのは、カルーツァ＝クライン粒子が、無限に存在しており、そのいずれもが先行する粒子よりも大きくなるという状況なのだ」とディネスは言う。

では、カルーツァ＝クライン粒子はどのように生じるのだろうか？　まず、しっかりと理解しておかねばならないのは、エネルギーと質量の性質だ。物理学者は一九世紀以来、エネルギーが変換可能であることを心得ていた。たとえば、電気エネルギーは、電球の光エネルギーに変換でき、銃を発射した際に生じた化学エネルギーは、弾丸の運動エネルギーへと変えられるのだ。アインシュタインの偉大な発見の一つは、質量もまたエネルギーの一形態であり、あらゆるエネルギー形態の中でも最もコンパクトに凝縮されたものであるという点だった。(28) 質量エネルギーは、水素爆弾のようなエネルギー形態へと変換できるだけでなく、ほかのエネルギー形態を質量エネルギーに変換することもできるのだ。これこそが、CERNにある巨大粒子加速器の存在理由なのである。亜原子粒子は、そうした加速器によって超高速で破壊され、その結果生じた膨大な運動エネルギーが、新たに生まれたエキゾティックな粒子の質量エネルギーへと変換されるのである。高エネルギーと短い距離との関係が前提にあるため、新たに生まれた粒子は、すでにわかっている粒子の「組み立てブロック」になっていることもしばしばだ。こうして物理学者は、物質の下部構造を探ることができるのである。

余剰空間次元が存在するのなら、大型粒子加速器内で激しい衝突が起きれば、カルーツァ-クライン粒子を作り出すのに必要なエネルギーを生み出すことができるだろう。自然界に存在する亜原子粒子一つひとつには、カルーツァ-クライン粒子の仲間が無限に含まれることになるだろう。たとえば、「カルーツァ-クライン電子」は、あらゆる点で標準電子と同一のものになるはずだ。もっとも質量は、カルーツァ-クライン電子の方がはるかに重いのだろうが。カルーツァ-クライン電子の中には、通常電子の質量の二〇万倍も重いものもあれば、四〇万倍も重いものもあり、さらには、六〇万倍も重いものもあるのかもしれない……。いずれにせよ、カルーツァ-クライン電子は、粒子衝突によって十分なエネルギーが生じれば、生み出されることもありうるのだろう。

一番簡単に生じるカルーツァ-クライン粒子は、最も軽くなるだろう。なぜなら、それを生み出すには最小のエネルギーで十分だからである。ところがこれまでは、どんなに粒子を衝突させてみても、カルーツァ-クライン粒子が生じることはなかった。その結果、隠れた空間次元のサイズには制約が設けられている。基本的に言えば、亜原子粒子とそれが最初に生み出したカルーツァ-クライン・エコーとの間に存在するエネルギー・ギャップが大きくなればなるほど、余剰次元は小さくなる。この関係は、高エネルギーと短い距離との間に見られるおなじみの関係なのだ。

物理学者がこれまで生み出してきた粒子衝突の中で、生じたエネルギーが最大だった衝突では、数百にものぼるエネルギー単位が生まれている。最軽粒子である電子のうち、とりわけ重いものが、そうした衝突では生じないという事実から、物理学者は、余剰空間次元が（そんなものが存在するとしての話だが）、一〇の一八乗分の一メートルよりも小さいと結論づけている。「これは、原子の一億分の一の大きさだ」とディネスは述べている。「ところが、プランク長さと比べると、それはとてつもなく大きいのである」。

粒子加速器は、常に大型化している。すべてが計画通りに運べば、ヨーロッパのＬＨＣは二〇〇六年に始動するはずだ。そうなれば、かつてないほど激しい粒子衝突が実現するため、ＬＨＣはカルーツァ-クライン・エコーを生み出すことができるようになるのかもしれない。Ｚボソン粒子から、最軽量のカルーツァ-クライン・エコーを生み出すこともできるだろう。標準的なＺボソンには、九一エネルギー単位の質量が備わっている。もし余剰空間次元が、一〇の一九乗分の一メートルの大きさにまで巻き上げられているとすれば、Ｚボソンとそのカルーツァ-クライン・エコーとのエネルギー差は、一〇〇〇エネルギー単位になるだろう。言い換えれば、Zボソンには、一〇九一エネルギー単位をはじめ、二〇九一エネルギー単位、さらには三〇九一エネルギー単位等々のエネルギーを持つものが存在するということだ。「LHCは、最軽粒子を生み出すことに成功するかもしれないのだ」とディネスは述べている。

Zボソンはひどく不安定なために、ほんの一瞬のうちに電子と陽電子に崩壊してしまう。超重Zボソン（体重がゾウ一頭分もあるネズミのような粒子）は、超強電子と超強陽電子とに崩壊してしまうだろう。LHCによって、超重Zボソンが検出されれば、余剰空間次元が存在することの紛れもない証拠となるはずだ。

一ミリメートル以下の次元

大きさが、一〇の一九乗分の一メートルしかない余剰次元についてなど、大げさに騒ぎ立てることもないのかもしれない。目に見えない次元は必ずしも、そこまで小さくなくてもいいようなのだ。実際確かに、これよりはるかに大きな余剰次元は、ありえないのである。なぜなら、最大の加速器を駆使しても、おなじみの粒子のカルーツァ－クライン・エコーが生じないからだ。ところが、このことは、重力以外の三つの力によって相互作用を見せている粒子にしか当てはまらない。「重力しか『感知』しない粒子には当てはまらないのだ」とディネスは述べている。

これは一体、どうしたことだろう？　この謎を解くにはまず、四つの力が微視的レベルでどのように作用しているのかを理解しておく必要がある。そこで、二人のテニスプレーヤーがボールを打ち合っているところを思い浮かべていただきたい。ボールを打ち返す度に、一方のプレーヤーは、対戦相手が打ち返してくる力を受け止めている。つまり、テニスボールのやり取りによって、力は二人のテニスプレーヤー間を行き来しているのである。これと同じように、二つの微視的粒子間でも、「力を運ぶ粒子」のやり取りを通じて力が伝達されているのだ。

電磁気力の場合、力を運んでいるのは光子である。弱い核力の場合には、WボソンとZボソンであり、強い核力の場合には「グルーオン」だ。ちなみに、このグルーオンには、八つのタイプがある。重力の場合は「グラビトン」と呼ばれる仮想粒子だ。粒子加速器内で新たな粒子が生み出される場合には必ず、これらの力のうち一つ以上の力が関わっており、力を運ぶ粒子がやり取りされているのである。カルーツァ-クライン粒子が生み出される状況もこれと似ている。通常の粒子同様、カルーツァ-クライン粒子も、力を運ぶ粒子がやり取りされることで生じるのだ。

今度は、重力の力によって生み出されたカルーツァ-クライン粒子について考えてみよう。通常の環境では、重力は自然界に存在する他の力に比べ、おそろしく弱い。これは、「力を運ぶ粒子」の文脈で言えば、加速器内の粒子が、グラビトンをやり取りすることなどまずないということである。したがって重力は、問題のプロセスでは本質的に何の役割も果たさないのである。ということは、カルーツァ-クライン粒子が重力作用によって生み出されるとした場合ですら、その影響は検出不能なほどかすかなものになるだろう。重力によって生み出されたカルーツァ-クライン粒子の影響が検出不可能なために、余剰空間次元のサイズを確定することもまたできないのだ。「つまり、重力のみに関わる余剰次元が存在する可能性があるのであり、その大きさは、一〇の一八乗分の一メートルよりも、はるかに大きい可能性があるのだ」とディネスは言う。

では、どうすれば、重力のみに関わる次元を発見することができるのだろう？　カルーツァ-クライン・エコーを直接検出するというのが、隠れた空間次元を探り当てる唯一の方法なのだ。もう一つ、間接的な影響を探るという方法もある。重力の場合なら、その間接的な方法を探り当てるのは、たやすい事なのかもしれない。

余剰空間次元では、あらゆる亜原子粒子のカルーツァ-クライン・エコーが生じうる。つまりそこには、力を運ぶ粒子のカルーツァ-クライン・エコーも存在しうるということだ。十分なエネルギーが周囲に存在しているのなら、電磁気力に関わる光子や強い核力に関わるグルーオンのカルーツァ-クライン・エコーを探り当てることも可能だろう。そうしたエコーは、ある種の影響をおよぼすことになるのかもしれない。つまり、特定の力に、通常よりもはるかに多くの「力を運ぶ粒子」が含まれていれば、その力はまず間違いなく変化してしまうはずなのだ。

「力を運ぶ粒子のカルーツァ-クライン・エコーによって、四つの力が変化してしまうだろう」。この予想こそ、プランク長さよりも大きな余剰次元が存在する可能性を、物理学者が最近まで認めたがらなかった主な理由の一つだった。高エネルギー状態では、余剰な力を運ぶ粒子が、四つの基本力を変化させてしまうため、四つの力は、一つの超力《スーパーフォース》に統合されることはないと物理学者は考えていたのだ。ところが実際には、そうならないかもしれないことをほのめかすような事実が明らかにされた。これこそ、CERNの物理学者ディネス、エミリアン・ドゥダス、そしてトニー・ゲルゲッタが一九九八年に発見した事実だったのである。基本力の統一とは実際、おそろしく低いエネルギー状態で生じるのかもしれない。いずれにせよ、ディネスらの発見によって、プランク長さよりも大きな余剰次元が存在する可能性に対して、現在見られるような関心が呼び覚まされることになったのだ。

余剰なカルーツァ＝クライン・グラビトンによって重力に変化が生じることで、重力だけに関わる余剰次元の存在が暴き出される可能性もある。質量を備えた二物体間で働く重力は通常、物体間の距離の二乗に比例して弱まっていく。たとえば、二物体間の距離が二倍になれば、重力は四分の一になり、それが三倍になれば、重力は九分の一になるのだ。

余剰グラビトンはこうした「逆二乗法則」を一変してしまうものと予想されるだろう。ところが、そうした変化は大規模スケールでは生じないのだ。重力は太陽系内で、実に見事な作用を見せているが、それは物理実験室のようなスケールですら、変ることがない。とはいえ、互いの距離が約〇・二ミリメートル以下の物体間で、逆二乗法則が成り立っているのかどうかを実際に検証した者など皆無なのだ。とすれば、重力以外の三つの力が関わっている余剰次元のすべてが、一〇の一八乗分の一メートルよりも小さいことは確実であり、重力のみが関わる余剰次元の大きさも、〇・二ミリメートル以下であるとだけは言えるだろう。

大きさが一ミリメートルにも満たない余剰次元が存在しているのかもしれない。これまで見落とされてきた、このとても信じがたい可能性を指摘したのは、スタンフォード大学のニーマ・アルカーニ＝ハメッドとサヴァス・ディモポロスをはじめ、イタリアはトリエステにある国際理論物理学センターのジャ・ドゥバリだった。一九九八年のことである。

重力だけが関わるような次元が存在するとすれば、グラビトンのカルーツァ－クライン・エコーからは、逆二乗法則が成り立つとされる〇・一ミリメートル以下のスケールで予測されている重力の数百万倍も強力な重力が生じる可能性がある。そうなれば、反重力すら生じることになるのかもしれないのだ。とても信じがたい話なのだが、以上は、これまで行われてきた宇宙観測のどれとも抵触しないのである。

一ミリメートルよりもはるかに小さなスケールで見られる重力の逆二乗法則を検証するための実験は現在、スタンフォード大学をはじめ、コロラド大学やシアトルにあるワシントン大学で行われている。それは非常に難しい実験だ。とはいえ、その実験には誰もが比較的簡単に試みることのできる机上実験によって、余剰次元の存在を突き止めることができるかもしれないという驚くべき可能性が秘められているのだ。

大きな余剰次元の影響

プランク長さよりもはるかに大きな余剰次元が現実に存在するとすれば、それがおよぼす影響とはどんなものだろう？　一つ考えられるのは、素粒子物理学者の前には、研究対象となる、まったく新しい粒子の一群が現れるだろうということだ。そうなれば、物理学者は大いに満足だろう。また、ディネスをはじめドゥダスやゲルゲッタが示しているように、余剰な力を運ぶ粒子のおかげで、予想をはるかに下回るエネルギー状態で、四つの力が統一される可能性が生まれるのかもしれない。この点がなぜ重要かといえば、力の統一については、詳しいことが何一つわかっていないからだ。たとえば、力の統一は、XボソンやYボソンと呼ばれる非常に重い力を運ぶまったく新しい一連の粒子によってなされるものと物理学者は考えている。こうした粒子は、反物質に対する物質の優位性を生み出しているプロセスに関わっているのかもしれない。ということは、物質が支配するこの宇宙にわれわれが存在している理由を、最終的に解き明かしてくれるかもしれないのだ。

すべての亜原子粒子は、電荷のような「相反する特性」を備えた反粒子と結びついている。たとえば、負の電荷を帯びた電子は陽電子と呼ばれる正の電荷を帯びた反粒子と対になっている。粒子が反粒子に出会うと両者は姿を消してしまい、その結果エネルギーが放射されることになる。粒子と反粒子とは常に、対で生み出される。だからこそ、われわれの住む宇宙が物質と反物質とが半々に混ざり合っている宇宙ではなく、ただの物質宇宙になっているという事実が、物理学にとっての大いなる謎の一つになるのだ。

「四つの力の統一」が起きるエネルギー状態は、とてつもなく膨大であるため、そのプロセスを物理学者が観測しようとすれば、現行の一〇〇兆倍も強力な粒子加速器が必要となるだろう。ところが、プランク長さよりも実質的に大きな余剰次元が存在する場合、統合されたエネルギーは、劇的に低下するのかもしれない。そうなれば、四つの力が統一されるのもそう先のことではないだろう。「余剰次元が、これまで観測対象になってきたスケールの一〇分の一も小さく(それは一〇の一九乗分の一メートルに当たる)巻き上げられているとすれば、大統一エネルギーは、LHCでも観測されうるだろう」とディネスは述べている。

重力によってしか捉えることのできない大きな余剰次元の影響は、これ以上に驚異的なものですらある。たぶん、重力がほかの三つの力と統一される際のエネルギーは、加速器の許容範囲内に収めることができるだろう。つまり、重力について検討できるのは、それとほかの力とが同等の場合(重力が時空構造を劇的にゆがめてしまう可能性がある場合)なのだ。

空間に一定の「ゆがみ」が加えられると、ブラックホールが生じる。ブラックホールとは、そこに働く重力がとてつもなく強烈なために、光ですら呑み込まれてしまう空間だ。時間に一定の「ゆがみ」が加えられることで、時間そのものに逆向きのループが生じるのかもしれない。つまり、タイムマシンができあがるというわけだ! さらに、時空に十分な「ゆがみ」が加えられれば、新たな宇宙はもちろん、ひどくかけ離れた空間同士をつなぐトンネルさながらの「ワームホール」すら生じる可能性もある。そうなれば、星間旅行者にとっては願ってもない近道が生まれることになるだろう。

ブラックホール、タイムマシン、新たな宇宙、そしてワームホール。重力が、実現可能なエネルギー状態で残る三つの力と一つになれば、粒子加速器内に存在する時空構造を操ることで、以上四つの驚くべき対象すべてを生み出すことができるのかもしれない。

以上は、それほど突拍子もない可能性ではないのかもしれない。というのも、もう一つ、あまりに荒唐無稽なため、にわかには信じがたいような驚くべき可能性があるからだ。つまり、宇宙には大きさが〇・二ミリメートルどころか、無限であるような重力が関わっている余剰次元が存在しているかもしれないのである。しかも、重力だけに関わるこの余剰次元は、通常の空間次元と大差ないというのだ。

無限の余剰次元

だが、ちょっと待っていただきたい。〇・二ミリメートルという実験上の制約は存在しないのだろうか？　いや、存在するのだ。ところが、信じがたいことなのだが、重力のおよぶ距離が〇・二ミリメートル以下になってしまうような無限余剰次元を手にいれる方法があるかもしれないのである。それに関わっているのが、ひも理論なのだ。

ひも理論によれば、自然界の四つの力は一〇次元時空の「表れ」であるという。ひも理論のおかげで、高次元空間に浮かぶ「ブレーン（膜）」と呼ばれる低次元島が存在する可能性が出てきている。われわれの宇宙とはたぶん、一〇次元時空内に宙吊りになった四次元ブレーンなのだ。

最近まで、四次元ブレーンを超えて広がっている次元については、考察が深められることがなかった。ブレーン内に存在する銀河や恒星、さらには惑星の重力はおのずと、ブレーンを超えて広がっていくのだろう。この過程でブレーン上の重力は弱まっていくことになるが、その速さは、逆二乗法則に従う場合より加速されるだろう。

ところが、プリンストン大学のリサ・ランダールとスタンフォード大学のラマン・サンドラムによれば、この現象は常に起きるわけではないという。われわれが暮らしている四次元ブレーンには、六つの無限余剰空間次元のうちの、少なくとも一つが存在している可能性がある。ランダールとサンドラムによれば、重力が余剰空間次元へと広がっていかないようにするのは、ブレーン自体の重力なのだという。この重力はおそろしく強力で、空間を劇的にゆがめてしまうために、ブレーン内に存在する恒星のような物体の重力は、ブレーンから〇・二ミリメートル以上は広がっていけないというわけだ。

したがって重力は、余剰次元へと無限に広がっていくことはできるのだが、相も変わらずブレーンの周囲一ミリメートル以内に丸め込まれたままなのである。「信じられないことなのだが、無限空間次元の存在はこれまで、気づかれる可能性がまったくなかった」とサンドラムは述べている。

＊　＊　＊

余剰次元に関する、以上のような知見からわかることの一つは、この宇宙が、想像を絶するほど深遠であるという事実だ。しかも、五次元や六次元さらにはn次元が存在しうるなどというのは、ほんの序の口にすぎない。天文学者によれば、宇宙に存在する大半の物質は、おなじみの恒星や銀河に拘束されてはおらず、肉眼では捉えられないかたちで存在しているのだという。そして、その隠れた物質の存在が確認できるのは唯一、その重力作用が、肉眼で捉えられる物質におよぼされる場合だけなのだ。目に見えない物質の正体は謎のままだが、それを巡ってはこれまでにも、数多くの仮説が立てられてきた。その中でもとびきり奇抜なのが、スコットランドを研究拠点に活躍する天文学者マイク・ホーキンスが提出している仮説だ。ホーキンスの説が正しいとすれば、宇宙に存在する大半の質量は、冷蔵庫ほどの大きさのブラックホールというかたちで存在しているはずなのである。

第2部

宇宙って何だろう?

宇宙に存在する大半の質量は、「冷蔵庫大《だい》のブラックホール」というかたちで存在しているのだろうか？

自然界に存在するブラックホールは、宇宙に存在する微視的対象の中でも、最も完璧なものだ。われわれが抱いている空間や時間という概念は、そうした構造を構成する要素の一部にすぎない。

スブラマニヤン・チャンドラセカール

第6話 天空のブラックホール

そんなはずはあるまい。誰もがそう思うことだろう。宝石のように輝く恒星を背に、時間の誕生以来、ずっとそこにぶら下がっている漆黒の小さな塊。このゆがんだ空間の結び目は小型冷蔵庫ほどの大きさだが、その質量は「成熟した」惑星ほどもある。では一体、それは何だろう？　答えはいたって簡単だ。それは、宇宙とほぼ同時に誕生した「微小ブラックホール」なのである。スコットランドの天文学者マイク・ホーキンスの説が正しければ、こうした「ブラックホール」を想定することで、宇宙の総質量のなんと九九パーセントに説明がつくことになるのかもしれない。

そんな「怪物」のようなブラックホールなど、なぜ存在していると言えるのだろうか？　それは、そう考えれば、クェーサー特有の現象にも説明がつくからである。クェーサーとは、新たに誕生した銀河の中心に輝く「飛び抜けて明るい核」だ。クェーサーは通常、天の川のようなごく標準的な銀河一〇〇個分よりも明るいため、その姿は宇宙のはずれからでも、はっきり捉えることができる。[29]

一九七五年のことだ。マイク・ホーキンスは、オーストラリアにあるサイディング・スプリング天文台に設置されたＵＫシュミット望遠鏡による長期観測を開始した。その時点では、クェーサーの存在などホーキンスの頭の片隅にすら浮かんでいなかった。当時、エジンバラの王立天文台からやってきたこの天文学者の興味を引いていたのは、変光星だった。変光星とは、一月ほどの変光周期を持つ恒星である。こうした変光星の特性を支えているのが、その不安定な性質だ。ホーキンスの立てた研究計画とは、ＵＫシュミット望遠鏡を使い、数年単位で天空の特定領域を継続的にモニターすることで、新たな変光星を発見しようというものだった。

シュミット望遠鏡が、そうした研究にとりわけ適しているのは、通常の望遠鏡よりはるかに広い視野を備えているからである。ちなみに通常の望遠鏡であれば、天空のごく一部にしか焦点を当てることができない。ところが、ＵＫシュミット望遠鏡を使えば、観測領域を横に四・五度拡大できるのだ。ちなみにこれは、月九つ分の幅に相当する。

ある意味で、ホーキンスの計画は大成功だった。一九八〇年までにホーキンスは、多様な光を放つ天体を多数発見したのだ。ところが驚いたことにその大半は、実際には恒星ではなかった。それらはどれも、クェーサーだったのだ。

ところで、クェーサーが放つ光が様々に変化するという事実はよく知られている。事実、まさにこの驚くべき特性のために、一九六三年にクェーサーが発見された直後から、多くの天文学者たちの関心が、このとてつもなく明るい天体に向けられることになったのだ。通常の銀河一〇〇個分のエネルギーに相当する膨大なエネルギーを放出するにしては、クェーサーの大きさは、あまりに小さい。それは通常、太陽系よりも小さいのである。

クェーサーの明るさに見られる急激な変化と、その大きさとの間に相関性が見られるのは、宇宙の速度限界が光によって定められているためだ。つまり、クェーサーの片隅では、突然エネルギーが放出され（おそらくこれが「爆発」という現象なのだが）、その結果ある領域の温度が上昇し、強烈な光を放つようになる。そうなれば当然、放出されたエネルギーは隣接する領域へと広がっていき、そこの温度をも引き上げ、それに見合った光度を生み出すのである。ところが、この爆発によって生じたエネルギーは、光速を超える速さでは広がることができない[30]。アインシュタインによれば、光速は、宇宙における究極の速度限界である。ということは、たとえばクェーサーが最大の光を放つのに数週間を要する場合、クェーサーの大きさは、光が数週間かけて到達する距離以上にはなりえないということになる。ちなみに、光が数週間かけて到達する距離とは、約一〇の一四乗キロメートルだ。

クェーサーは通常、可視光とX線を放出するが、これらは物質が数百万度にまで熱せられることで生じたものだ。しばしば見られることだが、クェーサーが放出するX線光度は、光がわずか数時間で到達する空間内で高下する。つまり、X線を放出している領域は、光が数時間内に到達しうる距離よりも狭いのである。そしてこれこそが、太陽系のおおよその大きさなのだ。

そんなに狭い空間から、通常の銀河の一〇〇個分（ということは、恒星一〇の一三乗個分）のエネルギーを生み出す「エンジン」とはどんなものなのか？　オランダの天文学者マールテン・シュミットによって、その存在が思いがけずに突き止められて以来、この点は、クェーサーを巡る謎の中心であり続けている。核エネルギー（太陽を高熱状態に保ち、地球に太陽光線をもたらしてくれているエネルギー）では、「役不足」だろう。とすれば、唯一の候補と言えるのは、「物質がブラックホールへと吸収されていく現象」なのである。

　ブラックホールとは、重力があまりに強烈なために、あらゆるものが（光ですら）逃れられない宇宙領域だ。実際、宇宙には、まさにこのブラックホールと言えるような領域が存在している。その空間は、ひどく湾曲している。そのため、その存在を何かになぞらえるとすれば、「光と物質が注がれていく底なしの井戸」とするのが一番だろう。ブラックホールが固体ではないことから、理論家たちは、ただ単にブラックホールを取り囲んでいる「事象の地平線」だけを問題にしている。この事象の地平線とは、いったん光と物質が落ち込むと、逆戻りできない想像上の膜である。この事象の地平線内部に取り込まれたら最後、そこから再び抜け出すことのできるものなど皆無なのだ。

　標準的なクェーサー・モデルでは、ブラックホールは若い銀河の中心部に潜んでいる。ここで問題にしているのは、太陽数個分の質量を備えた通常のブラックホールではない。ここで問題となるのは、太陽質量の一〇〇億倍もの質量を備えた怪物のような「超大質量」ブラックホールなのだ[31]。星間ガスや、粉々になった恒星は、ちょうど水が流し台の排水溝に吸い込まれていくようにブラックホールへと螺旋を描きながら注ぎ込まれていくのである。物質が渦状に形成する「降着円盤」内で生じる摩擦温度は、数百万度にまで上昇していくために、まばゆいばかりの光が放出されるのである。これこそがクェーサーの閃光を生み出している究極のエネルギー源なのだ。

降着円盤の存在が明らかになったことで、クェーサーの中には数時間という短時間内に、その光度を変化させうるものが存在する理由が、少しは正確に説明できるようになっている。光速で広がっていくあらゆる擾乱の効果が、降着円盤の一方の端からもう一方の端にまで伝わるには数時間を要する。ここへきてようやく、ホーキンスの観測プログラムが投げかける謎に行き着くことになる。ホーキンスの観測によれば、クェーサーの明滅周期が、数時間ないしは数日、あるいは数週間でないことは明らかなのだという。クェーサーの変光周期とは実際、五年から一〇年だったのである。

クェーサーの明滅は実に順調に見られたが、その変光率は通常、三〇パーセントから一〇〇パーセントだった。これとは対照的に、数時間内に見られたクェーサーの変光率は、わずか数パーセントにすぎなかった。

ホーキンスが発見したクェーサーの長期変化の原因が何かについては、謎のままだ。周囲の銀河が、中心に存在する「空腹状態の」クェーサーに物質を与える場合には、緩慢な変化が現れるのかもしれない。ところが、こう考えると変化の原因が謎のままになってしまう。とはいえ、大半の天文学者は、事情に暗いため、むやみに悩むことはない。彼らが指摘するところでは、クェーサーとは非常に謎めいた対象であり、それについてはまだ、ごく単純なことしかわかっていないのだという。機が熟せば、長期にわたって変光を見せるクェーサーの特性にもおのずと説明がつくだろう。ともかく、クェーサー内部を徹底的に探っていけばそれでよいというわけだ。

この発想に異を唱えているのが、ホーキンスだ。ホーキンスによれば、クェーサー内部やそれらに「餌」を与えている銀河内部を眺めたとしても、しかるべき解釈は見つからないのだという。物議をかもしているのだが、ホーキンスは、長期にわたる変光現象はクェーサーとは無関係だと考えているのだ。

もしそれが、クェーサー内部の状況から生じたものでないのなら、それは間違いなく外部要因によって誘発されているはずだ。それは当然の話である。ホーキンスの主張によれば、クェーサーが長期にわたる変光を見せているのは、クェーサーとわれわれを結ぶ宇宙空間内に多くの天体が存在しており、それらがさながら、定期航空機が太陽の前を通過するように、われわれの視線を横切っているからなのだという。両者の違いはといえば、航空機が一時的に太陽をさえぎるのに対して、障害となっている天体は、クェーサーの光度を増大させているという点だ。

マイクロレンズ効果

この効果は、「重力レンズ効果」の名で知られている。なぜこうした効果が生じるのかといえば、質量の大きい天体の重力が、その近傍を通過するあらゆる光の道を曲げてしまうからである。こうなるのは、アインシュタインが発見したように、重力に空間を湾曲させる性質が備わっているためだ。太陽のような大きくて重い天体は、その周囲の空間に一種のくぼみを作る。すると、その傍を通過するあらゆる光の道は、曲げられてしまう。それは単に、光がくぼみを上手にやり過ごしてしまうからだ。[32] 重力レンズ効果が、地球とはるかかなたにあるクェーサーのような対象間に見られる天体によって生み出されるのだとすれば、ちょうどガラスレンズの焦点を絞るように、はるかかなたにある対象が放つ光に焦点が絞られ、それが拡大されることだろう。

それにしても、長期にわたる変光現象が、クェーサーの近傍を通過する何らかの対象によって引き起こされるとするホーキンスの発想は、どこから来たのだろうか？　それには、いくつかの理由があるのだ。理由の一つは単純に、典型的なクェーサーの降着円盤を光が横切るのにほんの数時間しかかからない場合には、長年にわたる緩慢な変光現象を説明するのが難しいというものだった。二つ目の理由は、クェーサーが光度を変化させる場合、全体の色を変えることはないというものである。通常、天体が光度を変化させる場合、それに伴ってその色も変化する。これは、光度変化が温度変化によって生じるためである。たとえば金属片が冷えていく際に、白からくすんだチェリーレッドに変わる様を思い浮かべていただきたい。

ホーキンスが考案したモニタリング・プログラムには、赤をはじめ青、ウルトラバイオレット（日焼けの原因となる不可視光線）といった様々な色の「フィルター」を用いた観測が盛り込まれていた。赤いフィルターは、ちょうど赤いセロハンのように対象の放つ赤い光だけを通し、青いフィルターは、青い光だけを通すといった具合である。ホーキンスが気づいたのは、各クェーサーが放つ赤い光は、青い光や紫外光と実に見事に調和しながら明滅していたという事実だった。こうした色が混ざり合うことで、天体全体の色が決まってしまうために、クェーサーの色に変化は見られなかったのである。「色がまったく変化しないというのが、巨大物体が介在することで生じた重力レンズ効果ならではの特徴なのだ」とホーキンスは述べている。「アインシュタインによれば、光に備わった様々な色は、まったく同じ質量の影響を受けたとしても、ゆがめられる場合と拡大される場合とがあるのだという」。

重力レンズ効果のもう一つの特徴は、レンズ天体がはるかかなたの物体の前を通過する際に見られる変光が「時間対称性」を備えているという点だ。つまり、光度の増減メカニズムには、違いなどいっさい見られないのである。ただしこうした現象が見られるのは唯一、地球とクェーサーとの間に存在する巨大天体の数がたった一つの場合だけだ。ホーキンスによれば、すべてのクェーサーに重力レンズ効果が現れたとしても、クェーサー一つに対して、その前を通過するレンズ天体が、たった一つしか関わっていないということにはならないだろうという。クェーサーの中にはどうやら、複数のレンズ天体と、いとも簡単に関わるものもあるらしいのだ。不幸なことに、複数の天体によって生み出された重力レンズ効果は、実に混乱したものになっている。「重力レンズ効果の『指紋』とも言うべき変光現象には、単純な対称性など見られないのだ」とホーキンスは言う。

とはいえ、複数のクェーサーを観測し、それらの明滅パターンにおおむね変化が見られないかどうかを確認することは可能だ。「たった一個のクェーサーに見られる重力レンズ効果を観測すれば、それで十分と言えるほどの説得力は、この実験プログラムにはない」とホーキンスは述べている。「とはいえ、この観測によって、重力レンズ効果の存在がはっきりと示されたことだけは確かなのだ」。

レンズ天体とは何か?

重力レンズ天体を巡る議論は、まだ完璧とは言いがたい。ところがホーキンスによれば、地球とクェーサー間には複数の天体が存在しており、そうした天体の前をクェーサーが通過することで、クェーサー特有の閃光が一時的に放射されるという現象を裏づける十分な証拠が上がっているという。ではこの謎めいた天体とは一体、何だろう? この謎を解く手がかりとなるのが、時間である。というのも、地球とクェーサーとを結ぶ線分上に存在するレンズ天体の正確な位置と質量とに、密接な相関性が見られることがわかっているからだ。「もちろん実際には、レンズ天体の正確な位置など、はっきりとはわからないのだが、それが地球とクェーサーとを結ぶ線分の半ばに位置するものとしておけば無難だろう」とホーキンスは述べている。「こう考えれば、レンズ天体の質量を見積もることもできるだろう。その質量は概算で、木星のそれと同じくらいになるはずだ」。

では、ほぼ木星と同じ質量を備えた、この神秘的な天体の正体とは何だろう? ホーキンスによれば、その答えは思いがけずに発見されたクェーサーからもたらされることになったのだという。一九八〇年代を通じ、シカゴ大学のデイヴィッド・シュラムとマット・クロフォードは、ブラックホール誕生の謎に取り組んでいた。[33] ブラックホールが生み出されるのは通常、巨大な恒星が、その中心にある核燃料を使い果たした場合である。恒星とは、高温ガスの球であり、そこでは、外へ向かうガスの力が、それに衝突しようとする内向きの重力に抗っている。恒星が熱を生み出すための燃料を使い果たしてしまえば、その核は重力によって劇的に収縮されてしまう。するとそれは瞬く間に強烈に圧縮されて、とてつもない重力が生み出され、その結果、光ですら逃れることのできない状態が生じるのだ。以上が、内部からの吸引力によって生じるブラックホールの標準的な誕生プロセスである。ところがもう一つ、これとは違うプロセスも考えられる。そしてその主役となるのが、強烈な圧縮状態を生み出すようなとてつもない外力なのだ。

現在の宇宙では、そうしたプロセスは、まず起こりえない。ところがシュラムとクロフォードは、そうした現象がひょっとしたらビッグバン直後の一瞬のうちに生じていたのかもしれないと考えたのだ。ビッグバンの火の玉が膨張し、冷却していくにつれ、ひどく不安定な相を経たことで、ブラックホールがいとも簡単に生じる可能性が生まれたのである。ちなみにこのプロセスこそ、「クォーク・ハドロン相転移」にほかならない。

この相転移に先立つ、宇宙誕生後のわずか一〇〇万分の一秒の時点での地球は、とてつもない高温だった。そのため、物質の「組み立てブロック」であるクォークは、ものすごい勢いで飛び回り、互いに結合し合っていた。やがてクォークは減速し、塊を形作るようになった。人体を構成する原子を作りなしている陽子と中性子とはいわば、クォークの「小袋」だ。三つのクォークの組み合わさり方一つで、誕生するのが陽子なのか中性子なのかが決まってしまう。クォーク・ハドロン相転移とはいわば、クォークが中性子と陽子へ「凝固」することになった宇宙史上の瞬間なのだ。

この現象では、膨大なエネルギーが放出されていた。凝縮された水蒸気から水滴が生じるというのは、相転移の卑近な例だろう。この現象でもエネルギーが放出されている事実を確かめたければ、ヤカンから噴き出している水蒸気に片手をかざしてみればよい。火傷してしまうのはなぜかを考えれば、エネルギーの存在に思いいたるはずだ。シュラムとクロフォードによれば、クォーク・ハドロン相転移では、とてつもなく膨大なエネルギーが放出されるために、宇宙が激しくかき乱されたのだという。宇宙には、強烈な圧縮が生じる領域が存在していたために、ブラックホールが誕生することになったのである。

シュラムとクロフォードはさらに、ブラックホールの大きさを計算してみた。結果はどうだったのだろう？　それはほぼ、木星の質量に等しかったのだ。「ブラックホールには、クェーサーに重力レンズ効果をおよぼしている謎めいた存在にふさわしいだけの質量が備わっていたのだ」とホーキンスは述べている。

それほどまでに高密度のブラックホールの大きさは、わずか一メートル程度のものだったのだろう。それはほぼ小型冷蔵庫ほどの大きさだ。一九七五年、ホーキンスは、更なる変光星を探るべく、ささやかな研究に手を染める。何とも奇妙な話なのだが、ホーキンスはその時点ですでに、宇宙にはビッグバン直後の一瞬に生み出された冷蔵庫大のブラックホールがぎっしり詰まっているという事実を突き止めていたのだ。

ブラックホールには、宇宙に存在する質量の何パーセントが関わっていたのだろう？　それがホーキンスの脳裏に、にわかに浮かんだ問いだった。これまた実に奇妙な話なのだが、当時すでに、その問いに関わるような計算はなされていたのだ。一九七三年に、パサデナにあるカリフォルニア工科大学のジェームズ・ガンとウィリアム・プレスが、重力レンズ効果を研究対象にしており、それが、かなたに存在するクェーサー像に影響をおよぼしているのではないかと考えていたのだ。当時、この二人の研究者が思い描いていたレンズ天体とは、木星大のブラックホールではなく、地球とクェーサーとの間に存在する銀河だった。ところが彼らが下した結論は、個々のレンズ天体に関する詳細なデータではなく、ただ単に、それらの総質量だけに基づいたものだった。レンズ天体が大きければ、それぞれの天体は天空の広い範囲に、クェーサーの放つ光を拡大するだろう。逆に、天体規模が小さければ、レンズ効果がおよぶ範囲は狭まるだろうが、そうした天体が形成している集団の規模が大きければ、同じように広範囲に光が拡大されていくだろう。「ガンとプレスは、いたって単純な結論に達したのだった」とホーキンスは述べている。「レンズ天体の総質量が宇宙の『臨界質量』に等しければ、クェーサーには一つ残らずレンズ効果が生じるだろう」。

「臨界質量」という概念は、長期にわたる宇宙の運命を理解する際の要である。現在、宇宙は膨張し続けており、それを構成している銀河はビッグバンの余波を受けて散乱した宇宙塵のように、木っ端微塵に飛び散っているのだ。ちなみにビッグバンとは、一二〇億年から一四〇億年前に起こった巨大爆発で、その結果宇宙が生み出されることになった。ところが銀河に影響をおよぼしているのは、この原初の爆発だけではない。銀河自身も重力によって互いに引っ張り合っており、こうしたもろもろの要因が絡み合うことで、宇宙の膨張に少しずつブレーキがかかっていくのである。この「歯止めの力」は、銀河の総質量と宇宙内に存在するその他の物質に左右されている。そしてまさにこの点に、臨界質量が関わってくるのだ。宇宙の総質量が臨界質量を下回っていれば、重力は宇宙の膨張を食い止めることができず、宇宙は永遠に膨張していくことだろう。逆に、宇宙の総質量が臨界質量を上回っていれば、宇宙はやがて、ビッグクランチへと再崩壊していくのである。

　以上二つの可能性を切り分けている分割線こそ、まさに臨界質量に達している宇宙なのだ。この場合、宇宙の膨張は、おそろしくゆっくりとしたペースで終息していくだろう。そして、宇宙の膨張が止むには、膨大な時間がかかるはずだ。天文学者は、数多くの専門的な理由から、われわれがそうした宇宙の住民だと考えている[34]。ところがこれが、天文学者の頭痛の種になっているのだ。というのも、望遠鏡を駆使して観測できる銀河の総質量が、臨界質量のわずか一パーセントにすぎないからである。心の動揺をひた隠しにしていた天文学者は、宇宙に存在する残りの物質が、肉眼では捉えられないような謎めいたかたちで伏在しているという仮説を立てている。ちなみにその物質は「暗黒物質《ダークマター》」と呼ばれている。

　暗黒物質の存在を裏づける証拠は、違う場所からも上がっている。たとえば、天の川に存在する恒星は、その銀河の中心をものすごい勢いで回っているため、銀河系間の宇宙へとはじき飛ばされるに違いない。そうした恒星が軌道を外れないのは、肉眼では捉えることのできない大量の暗黒物質の重力下にあるためだ。実際、暗黒物質内に閉じ込められている質量は、恒星のような肉眼で確認できる物質に閉じ込められているそれの少なくとも十倍はあるはずだ。この対象を今後も続けて観測していれば、問題となる臨界濃度を考える場合、肝心の質量がまだいくらか足りないことに気づくはずだ。そこで現在、残る質量源と目されているのが、空虚な空間なのである。

ところがホーキンスによれば、暗黒物質など謎ではないのだという。宇宙が、木星と同質量のブラックホールで満ちているために、すべてのクェーサーに重力レンズ効果が見られるのだとすれば、ガンとプレスが導き出した結論には、ブラックホールの総質量がほぼ臨界質量に達しているという事実が示されていることになろう。これは、とんでもない結論だ。ホーキンスの説が正しければ、ビッグバンで生み出された冷蔵庫大のブラックホールは、宇宙の主要な構成素ということになる。とすれば宇宙の総質量の九九パーセントに説明がつくのはもちろん、ブラックホールと重力とを結びつけることで、宇宙の運命をつかさどることにもなるはずだ。

では、ブラックホールとは、気に病むべき対象なのだろうか？　というのも、ブラックホールが物質を何のためらいもなく吸い込んでしまうからだ。ブラックホールの総質量と宇宙の大きさを考慮すれば、地球に最も近いブラックホールの位置を割り出すのはわけもないことだろう。「地球に最も近いミニ・ブラックホールは、三〇光年のかなたに存在しているはずだが、その距離は地球に最も近い恒星であるアルファ・ケンタウリまでのそれの約一〇倍に当たる」とホーキンスは言う。「だから、地球は安全なのだ」。

ところが、三〇光年のかなたにあるブラックホールを問題にする場合、ホーキンスは、それらが空間に一様に広がっていると想定していた。ところが実際は、そうでない可能性があるのだ。ブラックホールはひょっとしたら、天の川のような銀河の周囲に固まっているのかもしれない。もしそうだとすれば、地球に最も近いブラックホールは思った以上に近い位置に存在している可能性がある。とはいえ、そうではないように願いたいものだ。というのも、冷蔵庫大のブラックホールが地球のそばを通過しようものなら、太洋にはカタストロフィックな潮汐運動が生じてしまうからである。そしてもし、ブラックホールが地球内に留まるようなことにでもなれば、地球は内部から貪り食われてしまう可能性がある。それはいわば、宇宙における「究極の掃除機」なのだ。

＊　＊　＊

大半の天文学者によれば、宇宙に存在する物質のほとんどが肉眼では捉えられないのだという。だが、冷蔵庫大のブラックホールという発想にどうしても抵抗があるのなら、現時点ではそれを無視しておけばよいだろう。というのも、二人の物理学者が、目には見えない対象がとてつもなく奇妙なかたちで存在している可能性があると示唆しているからだ。実際、ロバート・フットとセルゲイ・グニネンコの言う通りなら、同じ空間には、目に見えない宇宙が丸ごとと、目に見える宇宙とが同居している可能性がある。今や、目に見えない銀河はもちろんのこと、目に見えない恒星や惑星、さらには姿の見えない地球外知的生命体の存在までもが、ほのめかされつつあるのだ！

われわれの宇宙には、肉眼では捉えられない銀河、恒星、惑星はもちろん、地球外知的生命体すら存在している可能性がある。

「でも、ポール」とエリザベスは混乱した顔つきでたずねた。「どうしてほかの惑星が地球と同じ場所を占めているなんてことがありうるの？」

ジョン・クレイマー／小隅黎＋小木曽絢子訳『重力の影』

「鏡よ鏡、世界で一番美しいのは誰？」

『白雪姫』魔女の言葉

第7話 鏡の宇宙

はるかかなたの見えない銀河では、同じく目に見えない一群の恒星が銀河の核の周囲を巡っている。見えない恒星の周囲を、同じく目に見えない惑星が巡っているが、そうした惑星の中には、生命が蔓延しつつあるものがある。もちろんこれは、「推測の域」を出るものではない。目には見えない世界の話だからである。

一部の物理学者によれば、われわれの宇宙には人類にとってはおなじみの物質とは似ても似つかない物質が存在する可能性があるという。その物質は「ミラー・マター」と呼ばれているが、それはごく大雑把に言えば、通常物質の鏡像のようなものだ。ただし、姿が見えないという点だけは除くわけだが。ミラー・マターは、肉眼ではまったく捉えることができないため、たとえ宇宙にミラー銀河や、ミラー恒星、さらにはミラー惑星がぎっしり詰まっているとしても、その存在はまったく気づかれることがないだろう。

ではなぜ、そんな奇妙な対象が存在しているなどと言えるのだろうか？　それは、宇宙の「対称性」が破れても、それをミラー・マターが修復すると考えれば話のつじつまが合うからだ。ある対象に何らかの変化が生じても、対称性にはいっさい変化が表れない。たとえば、鏡に映った顔には、「鏡像対称性」が見て取れる。同じように、五回回転させてもまったく同じように見えるヒトデには、「回転対称性」が表れているのだ。

対称性は、宇宙をつかさどる根本法則を見つけ出すための「導きの光」になってきた。自然界には、実に様々な対称性が存在する。たとえば物理学法則は、時間に左右されることはない。つまり、物理学法則は、時間について対称的なのだ。同じく物理学法則は、ロンドンであれ、ニューヨークであれ、変わることなく通用する。物理学法則は、空間についても対称的なのだ。さらに物理学法則は、より抽象的な無数の対称性にも関わっている。(35)

自然界にこれほど多様な対称性が存在しているとはいえ、それは、決して完璧なものとは言いがたい。というのも、対称性が奇妙に崩れている場合があるからだ。それは、物理学法則が鏡に映し出されている場合なのである。

ここで、あらゆる物質の「組み立てブロック」である電子、ニュートリノ、クォーク、光子について考えてみよう。物理学法則のおかげで、こうした粒子は、驚くほど多様な相互作用を見せている。たとえば、電子は光子を放出することができるが、その光子は別の電子に吸収されうる。クォークは、ベクター・ボソンと呼ばれる粒子を放出することで、毛色の違ったクォークへと姿を変えることができる。今度は、こうしたプロセスが想像上の鏡に映し出されているとしてみよう。粒子の相互作用をつかさどっている法則に鏡像対称性が備わっていれば、鏡に映し出されたプロセスはすべて、自然界に立ち現れることだろう。

そんなことが本当にありうるのだろうか？　中国系アメリカ人の物理学者ツァンタオ・リーとツェンニン・ヤンが、一九五六年に見出した注目すべき答えは「ノー」である。鏡像現象は、自然界でまったく見られない場合もあるのだ。ニュートリノの場合を考えてみよう。生まれたばかりのニュートリノは常に、左回りの螺旋を描いている。これと正反対の動きを見せるニュートリノはまだ、見つかっていない。

これは、驚くべきことだ。たとえば、サッカーチームの場合を考えてみよう。選手がボールを前後へパスし、やがてはそのうちの一人がゴールを決めることになるわけだが、次に、同じパスワークが、想像上の鏡に映し出されるとする。たとえば問題の鏡が競技場の片側に置かれているために、左サイドへのパスはすべて右サイドへのパスになり、その逆も同じようにありうるとしてみよう。では、こうしたパスワークは現実の世界でも起こりうるのだろうか？　起こりうるのである。ボールが競技場に残っている限り、パスの方向はサッカーの規則の制約をいっさい受けないのだ。

この規則が足かせになっていても、状況によっては、ボールを右側ではなく左側へ蹴る自由が与えられていれば、とてつもなく奇妙なことになるだろう。ここには、微視的世界ならではの特殊な事情が絡んでいるのだ。

ミラー粒子

リーとヤンは、自分たちの発見にひどく悩まされていた。一九五六年以前に行われた実験では、自然は対称性にご執心だった。では、鏡に映し出される場合には、なぜ対称性に破れが生じたのだろう？　この点についてリーとヤンは、大胆にも次のように述べていた。「自然界の対称性にはそもそも、破れなど生じていなかったのだ。それは、単にそう見えただけのことなのである」。

自然界に見られる「左右対称性の破れ」が修復されているとすれば、その原因はたった一つしか考えられない。リーとヤンによれば、鏡に映し出された粒子を完備した「ミラー・ワールド」ないしは「シャドー・ワールド」が存在するに違いないという。ニュートリノには二つのタイプがある。つまり、現実の世界には左向きのニュートリノが存在し、ミラー・ワールドには右向きのニュートリノが存在するというわけだ。自然界に見られる左右対称性が破れているように見えたのは、われわれがミラー・ワールドを見ることができないからにすぎないとリーとヤンは主張したのだった。

ミラー粒子は、通常粒子とほとんど変わらないだろう。たとえば、ミラー電子は電子と同じ質量を備えているだろうし、ミラー・アップ-クォークもアップ-クォークと同じ質量を備えているはずだ。違うのは、ミラー・ワールドが現実世界の「映し鏡」になっているという点なのである。たいていの場合、唯一の違いは、二つの世界が相互作用を見せているという点だけだ。とはいってもそれは、ごく稀なケースなのだが。たとえば、ミラー・ニュートリノの場合なら、そうした相互作用に必要なのは、逆回転だろう。

もちろんミラー粒子と通常粒子との違いには、もっと重要な点もあるのだろう。つまりミラー粒子の存在は、肉眼によって捉えられることがないという点なのだ。なぜか？　通常、粒子は、粒子をやり取りすることで相互作用している。これが、すべての力を支えている微視的基盤なのである。たとえば電磁気力は、光子を絶え間なくやり取りすることで生じる。この「力を運ぶ」粒子は、二人のテニスプレーヤーがやり取りするテニスボールのように交換されているのだ。また、強い核力の場合は、グルーオンをやり取りすることで生み出されている。

これまでの実験で姿を現すことができなかったミラー粒子は、通常粒子の存在を完全に見過ごしているはずだ。つまり、ミラー粒子は、力を運んでいる既知の粒子とはいっさい関わっていないはずなのである。たとえば、電磁気力の力を運んでいる光子の場合であれば、ミラー光子と相互作用することができない。そう考えれば、ミラー・マターが「肉眼では捉えることができない」ことにも、説明がつくのだろう。光と相互作用する天体が放つ光が目に届いて初めて、天体の姿は見えるのだ。

そんなミラー粒子でも、既知の力との相互作用は必要不可欠である。ここで登場するのが、「ミラー力」と呼ばれるまったく新しい力だ。たとえば、ミラー光子によって運ばれるミラー電磁気力をはじめ、ミラー・グルーオンによって運ばれるミラー強核力といった力が、存在するはずなのである。通常粒子は、ミラー粒子が通常の力を避けるように、細心の注意を払いながらミラー力を避けることだろう！

自然界に見られる「左右対称性の破れ」を修復しているのは、ミラー力をやり取りしている多種多様なミラー粒子だ。通常世界に存在するものはすべて、ミラー・ワールドでコピーされるのだろう。たとえば、ミラー・クォークは集まってミラー陽子とミラー中性子になるが、それらからはやがて、ミラー原子とミラー分子が生み出されることだろう。ついでに言えば、ミラー銀河はもちろん、ミラー恒星、ミラー惑星、さらにはミラー生物ですら存在しえないという確証はないのである。

ミラー・マターが存在する証拠

自然界に見られる「対称性の破れ」が、ミラー・ワールドによって修復されうる可能性をリーとヤンが示唆した一九五六年当時、その発想をまともに取り合う者など誰一人としていなかった。ところがその後四〇年以上も経つと、状況はやや変化を見せることになった。二人の優れた物理学者が、ミラー・ワールドが存在する証拠を実験レベルで確かめたと主張しているのだ。

メルボルン大学のロバート・フットと、ヨーロッパ合同原子核研究機構（CERN）のセルゲイ・グニネンコは、一九九〇年に行われた謎めいた観測について指摘している。アン・アーバーにあるミシガン大学で行われた実験では、「オルソ・ポジトロニウム」と呼ばれる物質の寿命が測定された。

ポジトロニウムは、原子に似た最も単純な系である。それは、電気力によって互いの軌道を巡っている電子と陽電子から構成されている。[36] ポジトロニウムは、物質に低エネルギーの陽電子ビームを照射することで生み出される。陽電子の中には、動きが遅いために、通常の原子から電子を盗み取り、ポジトロニウムを生み出すものがある。

とはいえ、一口にポジトロニウムといっても、すべてが同じというわけではない。電子と陽電子には、「スピン」と呼ばれる特性が備わっているが、大雑把に言えば、それはコマの回転のようなものだ。電子と陽電子とが一つになってポジトロニウムが生み出される場合、二つの可能性が生じる。両者が同じ方向にスピンすると、「オルソ・ポジトロニウム」が生まれ、両者が正反対の方向にスピンすると、「パラ・ポジトロニウム」が生まれるというわけだ。

オルソ・ポジトロニウムは、とりわけ単純な物質であり、その特性は量子電気力学（ＱＥＤ）理論によって正確に予測できる。ＱＥＤの名で知られるこの理論は、電磁気力の理論であり、本質的には光と物質との相互作用についての理論である。この理論を使えば、日常世界の現象をあますところなく説明できる。地面が硬い理由はもちろん、レーザーの作用機序、新陳代謝を支えている化学作用、コンピュータ操作といった現象すべてに説明がつくのである。

ＱＥＤ予測によれば、一四二〇億分の一秒が経過すると、オルソ・ポジトロニウムはおおむね自壊するか、三光子消滅するという。これは、ほんの一瞬の現象のようだ。ところが、ミシガン大学の実験チームは、超高感度の装置を使ってそのインターバルの測定に見事成功した。その結果、オルソ・ポジトロニウムの消滅速度は、本来のそれより〇・一パーセント早いことが明らかになったのである。実験結果には、若干の違いが出るかもしれない。とはいえQED予測は、抜群の精度を誇る理論なのだ。だからこそ、この実験結果に見られた「食い違い」には、とてつもなく重要な意味があったのである。

当時、この「食い違い」に振り回される者など誰一人としていなかった。理論物理学者が計算精度を高め、「高次秩序の放射補正」を考慮に入れるなら、QEDが予測したオルソ・ポジトロニウムの寿命は、ミシガン大学の実験チームが観測したそれと合致するだろうと予想されていたのだ。実際、計算精度には二〇〇〇年三月に手が加えられた。この作業に当たったのが、フランクリン＆マーシャル大学のグレゴリー・アトキンスとブランデイス大学のリチャード・フェル、さらにはノートルダム大学のジョナサン・サピアスタインらだった。ところが、ふたを開けてみると、問題の「食い違い」はそのまま残っていたのだ。これには誰もが、驚かされてしまったのである。

ここで、グニネンコとフットの登場となる。『フィジックス・レターズB』の二〇〇〇年五月一日号に発表された論文で、この二人の物理学者は、オルソ・ポジトロニウムの寿命を巡る謎は、ある方法によって解明できると指摘したのである。それには、ミラー宇宙の存在が欠かせないというのだ。

ミラー・ワールドを捜し求めて

オルソ・ポジトロニウムの寿命には、ミラー・ユニバースの影響がどのようなかたちで現れるのだろうか？　ミラー・マターは、通常物質を避ける。ところが、一九八五年にトロント大学の物理学者ボブ・ホルドムは、ミラー・マターと通常物質とが未知の力を通じて相互作用しているかもしれないと指摘したのだった。

ホルドムの立てた推論は、次のようなものだった。物理学の指導原理の一つは、一見複雑に見える自然も、その真相はひどく単純であるというものだ。これは「信仰」にも近い信念である（もっとも、宇宙がなぜ現在のような姿をしているのかは不明なのだが）。ところが、長年にわたってこの「信仰」に支えられてきた人類は、世界に関する未曾有の知識を獲得し、それを前代未聞の方法で制御するようになってきた。「事物の本質は単純そのものである」という発想のおかげで現代の物理学者は、自然界に存在する四つの力が、あらゆる粒子をまとめ上げている唯一の「超力《スーパーフォース》」の局面にすぎないと主張するようになっている。ミラー・マターが存在するとすれば、通常物質とミラー・マターとを結び合わせて、「唯一の統合されたフレームワーク」に仕上げている力を想定するのは、ごく自然なことだろう。

ホルドムが想定した力は、非常に弱いものに違いなかった。そうでなければ、その影響は、当の昔に現れていただろう。ここで、粒子間の力が、力を運ぶ粒子のやり取りによって生じるという事実を思い出しておこう。ということはつまり、新しい力を運ぶ粒子が存在しているに違いないのだ。それを便宜上「H粒子」と呼んでおこう。力がやり取りされるのは、通常粒子がH粒子を放出してミラー粒子になったり、ミラー粒子がH粒子を得て通常粒子になったりする場合である。こうしたプロセスはもちろん、逆になる場合もある。つまり、H粒子はさながらテニスボールのようにやり取りされているのだ。

こうしてみると、通常物質とミラー・マターとの間に働く力には、重要な特性が備わっていることがわかる。そして、この特性は「電荷の保存法則」にしたがっているのだ。これは、エネルギー同様、電荷が生み出されることも破壊されることもないという発想だ。すべてのプロセスの初期量は、プロセスの最後におけるそれと常に同量である。たとえば、電子のような帯電した粒子を考えてみよう。電子がH粒子を放出し、ミラー電子になったとすれば、最後には電荷を持たなくなるだろう。なぜならミラー電子は、通常の電荷を持たないからである。ミラー電子は、ミラー電荷しか帯びないのだ。ところが、電荷を破壊することは自然界の「禁じ手」なのである。同じようにミラー電子がH粒子を取り込んで通常の電子になった場合、電荷は生み出されていたはずだが、実際には同じように禁じられているのだ。

つまり、電荷を帯びた通常粒子を、ミラー粒子へと変えるような相互作用などありえないというわけだ。そんな相互作用が生じうるのはただ、粒子がゼロ電荷を帯び、ミラー粒子がゼロ・ミラー電荷を帯びる場合だけである（というのはもちろん、これまで述べてきたあらゆることが、ミラー粒子にも当てはまるからである。ミラー粒子は通常粒子が電荷を失ったり得たりできないように、ミラー電荷を失ったり得たりできないのである）。粒子がゼロ電荷から始まり、ゼロ電荷で終わるとすれば、すべてに説明がつくだろう。

自然界には、電荷を帯びていない粒子や、電気的に「中性」の粒子が多数存在している。ところが、そのうち最も一般的なのが、光子なのだ。「つまり、光子とミラー光子との間で、もっとも顕著に見られることになるのが、ホルドムの仮定した力の特性なのだ」とフットは述べている。

では、光子とミラー光子との間に見られる力は、どのようなかたちで、オルソ・ポジトロニウムの寿命に影響をおよぼしうるのだろう？　オルソ・ポジトロニウムは、電子と陽電子とからできている。それはまさに、「ハイゼンベルクの不確定性原理」に関わっているのだ。そのため、粒子は物理学法則によって禁じられている場合ですら、別の粒子に姿を変えることができるのである。もっともそれは、最後の粒子が最初の粒子よりも、多くのエネルギーを備えていればの話なのだが。大切なのは、余剰エネルギーが一時的に借り入れられたものだという点なのである。[37]ほんの一瞬のうちに、その借りは返されねばならない。その場合粒子は、元の状態へ戻らねばならないのだ。これは、父親の車を一晩拝借する場合、そのことに父親が気づく前にそれを返しておかねばならないのと似ている。こうした厚かましい手を使う粒子は、それがはかない存在であることから「仮想」粒子と呼ばれている。[38]

これはオルソ・ポジトロニウムとどんな関係があるのだろう？　オルソ・ポジトロニウムを構成している電子と陽電子は、必死で光子に変化しようとするはずだ。ところが実際には、そうはならないのである。それは、電子と陽電子に、光子になるのに十分なエネルギーが備わっていないからではない。両者に十分なモーメントが不足しているためなのだ。電子と陽電子の総モーメントはゼロである(これは、オルソ・ポジトロニウムが運動していない場合なのだが)。一方、光子のモーメントは常にノンゼロだ。だが、原理は以前とまったく同じなのである。「借り分」を瞬時に返している限り、電子と陽電子とは、必要なモーメントを借り入れることができるのだ。

つまりオルソ・ポジトロニウムは、あっという間に仮想光子へと変化しうるのである。重要なのは、光子がホルドムの想定した力を感じ取っているということなのだ。オルソ・ポジトロニウムは、ミラー・ワールドにとりわけ敏感なのである。これが、一九八六年にハーバード大学のノーベル賞受賞物理学者シェルダン・グラショウが指摘した事実だった。とりわけ電子と陽電子とに戻る前であれば、仮想光子には、仮想H粒子を放出して、仮想ミラー光子になるチャンスがわずかながらも存在する。仮想ミラー光子はさらに、ミラー電子とミラー陽電子とに変化しうるのであり、つまりはミラー・オルソ・ポジトロニウムになりうるのだ。

実験で生み出されたオルソ・ポジトロニウムは、純粋なオルソ・ポジトロニウムではない。それは、通常物質とミラー物質との奇妙な「混合物」なのである。原子一個が同時に二つの場所に存在しうるのとまったく同じように、この系はオルソ・ポジトロニウムであると同時に、ミラー・オルソ・ポジトロニウムでありうるのだ。それは、往復運動を見せているのである。[39]ある瞬間には一〇〇パーセントのオルソ・ポジトロニウムだが、次の瞬間には五〇パーセントがオルソ・ポジトロニウムで、残りの五〇パーセントがミラー・オルソ・ポジトロニウムであり、その次の瞬間には、一〇〇パーセントのミラー・オルソ・ポジトロニウムになるという具合だ。

こうしてついに、オルソ・ポジトロニウムの寿命が、ミラー・ユニバースの存在によって短くなるのかという問題にたどり着くことになる。グニネンコとフットによれば、オルソ・ポジトロニウムが、実際に通常世界とミラー・ワールドとの間を行き来しているのだとすれば、オルソ・ポジトロニウムは、実験中にミラー・ユニバースの影響を受け、別のかたちで消滅する可能性がある。標準的な三光子消滅に加え、オルソ・ポジトロニウムはまた、ミラー・オルソ・ポジトロニウムとの間を往復する可能性があるのだ。そうなったとしても、何の違いがあるのかと思う向きもあるかもしれない。つまり、ミラー・オルソ・ポジトロニウムは、瞬時に元のオルソ・ポジトロニウムに戻ってしまうからだ。ところが、実際にはこれとは別の重要な現象が起きることがわかっている。ミラー・ワールドでは、問題の系はミラー三光子消滅することが可能だ。だとすれば、通常の世界に戻ってくるミラー・オルソ・ポジトロニウムなど存在しないはずなのである。

ミシガン大学の実験では、大量のオルソ・ポジトロニウムが観測されており、一定時間内で、予想以上のオルソ・ポジトロニウム消滅が見られていた。「それはなぜかといえば、オルソ・ポジトロニウムの中には、ミラー・ワールドへと永遠に姿を消してしまうものもあったからなのかもしれない」とフットは言う。「この点が気づかれなかったために、オルソ・ポジトロニウムの寿命はもっと短いのではないかとの誤った推論が立てられることになったのだ」。

オルソ・ポジトロニウムの消滅に要する一四二〇億分の一秒に比べれば、ミラー・ワールドへ入り込むのに要する時間は、はるかに膨大だ。とはいえ、すべてのオルソ・ポジトロニウムが消滅するには、たいした時間はかからないだろう。つまりオルソ・ポジトロニウムの寿命には、観測通り、たいした影響は出ないはずなのだ。グニネンコとフットによれば、オルソ・ポジトロニウムの寿命は、予想した寿命の〇・一パーセントも短いものになるだろうという。もっともこれは、オルソ・ポジトロニウムと、ミラー・オルソ・ポジトロニウム間の変動が、三兆分の一秒ごとに生じればの話なのだが。これは、驚くべき主張である。ところが、二人の物理学者は新しい実験を行えば、このことは実際に検証可能なのかもしれないと考えている。

重要なのは、真空状態での「オルソ・ポジトロニウム消滅」観測なのだ。なぜかといえば、物質を構成する粒子が一つでもオルソ・ポジトロニウムと衝突してしまえば、問題の変動を妨げてしまうこともありうるからだ[40]。グニネンコによれば、こう考えれば、オルソ・ポジトロニウムの寿命が、実際にはもっと短いのではないかということを検証するために行われた、東京大学での実験（一九九五年）が失敗に終わったという事実にも、説明がつくのかもしれないという。「単純に言えばそこには、実に多くの異質な物質が存在していたのである」とフットは言う。

グニネンコは、この厄介な状況を克服するために新たな実験を提唱している。それは、エネルギー量を正確にモニターできるような容器の内部に、オルソ・ポジトロニウムを封じ込めておくというものである。実際にミラー・ワールドが存在し、オルソ・ポジトロニウムとミラー・オルソ・ポジトロニウム間の変動が見られるとすれば、オルソ・ポジトロニウムは永遠にこの世界から姿を消してしまうはずだ。「大切なのは、消えてしまったエネルギーの行方を探し出すことなのだ」とグニネンコは述べている。「消え失せたエネルギーとはまさに、ミラー・ユニバースが存在することの動かしがたい証拠なのである」。

ミラー・ワールドの意味

グニネンコによれば、彼が計画している実験は、向こう数年のうちに首尾よく実現しうるのだという。CERNから実験開始許可が下り、肉眼で捉えられる通常宇宙とまったく同じ空間を占めている、目には見えないミラー・ユニバースの存在が立証されることにでもなれば、どんなことになるのだろう？　たとえばそれは、天文学における最大の謎の一つを解く鍵になるのかもしれない。

ここ数十年で天文学者は、宇宙に存在する物質の少なくとも九〇パーセントが「暗黒物質《ダークマター》」と呼ばれる肉眼では捉えることのできない謎めいた物質のかたちで存在しているという事実を、当惑しながらも認めるようになってきた。暗黒物質が存在していると言えるのは、その重力の影響が恒星と銀河とに現れているからだ。暗黒物質の正体は、謎のままである。「だが、ミラー・マターは、その有力候補の一つなのだ」とフットは述べている。「知りうる限り、ミラー・マターをも含めて、あらゆる物質形態からは重力が生じるのである」。

だが、暗黒物質の謎を解くには、現在わかっている物質の一〇倍もの物質を見つけ出す必要がある。宇宙に存在するミラー・マターの総量とは単純に、通常物質のそれの二倍なのだろうか？　必ずしもそうではあるまいとフットは言う。「通常物質とミラー・マターとの間で、物理学の基本法則に対称性が見られる場合ですら、通常物質とミラー・マターの量が等しいわけでは必ずしもないのだ」とフットは述べている。「なぜかはわからないのだが、宇宙は、通常物質よりミラー・マターが一〇倍も多い状態から始まった可能性があるのだ」。

ミラー・ユニバースが、われわれの宇宙を占めている可能性があるという驚くべき事実からは、ミラー銀河をはじめ、ミラー恒星やミラー惑星が存在する可能性も出てくる。そもそも肉眼で捉えることができないのだから、その存在を突き止めることなど不可能とする向きもあるだろう。ところが実際には、そうでもなさそうなのだ。フットによれば、ミラー恒星はミラー超新星となって爆発する際に、姿を現す可能性があるという。ミラー超新星は、ミラー・ニュートリノを大量に生み出すだろう。また、ミラー・ニュートリノが通常のニュートリノとの間で、激しい変動を見せるとするだけの充分な根拠も挙がっている。「通常のニュートリノ量が膨大になれば、ミラー超新星の存在が地下実験を通じて明らかになる可能性がある。それはちょうど、一九八七年に起こったニュートリノ・バーストによって、通常の超新星の存在が明らかにされたのと同じである」とフットは言う[41]。

さらに、ミラー・ユニバースの存在によってニュートリノの謎が解き明かされることもあるのかもしれない。数十年にわたって物理学者は、太陽ニュートリノと大気ニュートリノに現れる奇妙な減少傾向に悩まされてきた。こうした現象を引き起こしていると思われる最大の要因は、すでに明らかにされている三種類のニュートリノ間に見られる変動である。ちなみに、その三種類のニュートリノとは、電子ニュートリノ、ミューオン・ニュートリノ、そしてタウ・ニュートリノだ。ところがこの現象には、ニュートリノの謎をめぐって、四つ目の「貧弱な」ニュートリノが関わっている可能性があることがほのめかされている。この四つ目のニュートリノは、とても捉えにくい。そのため、ほかの三つのニュートリノが非常になじみやすい存在に見えてしまうのである。「四つ目のニュートリノは、ミラー・ユニバースからやってくる可能性がある」とフットは言う。「ニュートリノが変動して、ミラー・ニュートリノになるのだとすれば、太陽ニュートリノと大気ニュートリノに現れた変則現象《アノマリー》を見事に説明することができるだろう」。

ミラー・マターが天の川に存在するとすれば、通常物質とミラー・マターからなる「連星」系が存在するはずだとフットは述べている。連星系は、自らの重力に圧縮されて散乱したガス雲から生じたのだろう。「とはいえ、そうした系に、通常物質とミラー・マターが同量含まれることはなさそうである。なぜなら、両者はまず相互作用することなどなく、同じ率で収縮することもなさそうだからだ」とフットは言う。「一番ありそうなのは、連星系に含まれるのが、ごく少量のミラー・

マターのほかは、ほとんど通常物質である場合か、その逆の場合かの、いずれかなのだ」。

フットによれば、そうした系の存在を裏づけるような、十分な証拠は見つかっていないという。ここ数年間で、近傍の恒星を巡っている「(太陽)系外」惑星が五〇個以上も発見されてきた。こうした惑星の姿は、直接捉えることができない。にもかかわらず、そうした惑星が存在していると言えるのは、それらの重力が一定の周期で、その親に当たる恒星に働いているからである。また、その重力作用は、地球からでも認識可能なのだ。最も驚くべき発見の一つは、複数の恒星のごく近くを巡る木星級の巨大惑星が発見されたことである。その距離は、地球と太陽の距離の二〇分の一に当たる。それは、太陽系で最も奥まった位置にある彗星のような惑星までの距離の八分の一なのだ。

さながら灼熱地獄のような太陽近傍の温度はあまりに高温なために、通常惑星は誕生しえない。一説によれば、「木星に近接する惑星」は、かなたにある、はるかに低温の恒星で誕生し、やがて系内へと移動していくのだという。フットによれば、こうした発想がありうるとしても、そこにはいくつもの問題点もあるのだという。たとえば二〇〇一年一月には、カリフォルニア大学バークレー校のジェフリー・マーシー率いるチームが、「わかちがたく結ばれた」あるいは「共鳴する」軌道を備えた一対の惑星を発見したと発表した。ところが、問題の惑星はもう一方の星に近づくにつれてその速度を増し、その結果、両者は離れていってしまうのだ。ミラー・ワールドを想定すれば、これとは別の興味深い可能性が開けてくる。「近接し合う惑星は、大半がミラー・マターから構成された、ミラー・ワールドなのかもしれないのだ!」とフットは述べている。「そうした惑星は、恒星の近くで生まれたのかもしれない。そう考えても、ミラー・ワールドには何の問題もない。なぜなら、ミラー・ワールドでは恒星が放つ光や熱はすべて抑え込まれてしまうために、高熱状態になることはないからだ」。

近接し合う惑星が、通常の恒星の周りを巡るミラー・ワールドだとすれば、通常世界が、ミラー恒星を巡っていると考えるのはもっともな発想だ。そうした惑星には、恒星など何一つ伴っていないように見えるだろう。「孤立した惑星は実際、二〇〇〇年にシグマ・オリオニス星団内で発見されていた。ここで、問題が生じることになった。というのも、従来の学説では、惑星が形成されるのは、新たに誕生した恒星の周囲で渦巻く、ガスと塵でできた濃密な円盤内に限っての話とされてきたからである。「ところが、ミラー・ワールドを想定すれば、明らかに孤立した惑星が存在するというのも、それほど突飛な発想ではないはずだ」とフットは言う。「そうした惑星はひょっとしたら、孤立などまったくしていないのかもしれない。目に見えない恒星を巡っているだけのことかもしれないのだ！」

フットの説が正しいのなら、孤立した惑星を注意深く観測することで、「ドップラー・シフト」と呼ばれる変光周期が明らかにされるのかもしれない。このドップラー・シフトこそ、問題の惑星が、目に見えない物体の周囲を巡っている事実を裏づける動かしがたい証拠なのだ。孤立した惑星を発見した天文学者によれば、これまで行われてきた観測は、軌道運動を明らかにできるほど長期にわたるものでもなければ、その精度も高くはなかったのだという。

もう一つ、とんでもない可能性がある。それは、ミラー惑星が太陽の周りを巡っている可能性があるというものだ。フットに言わせれば、それは「なきにしもあらず」だという。そうした惑星の存在がこれまで見落とされてきたのは、それらがあまりに小さく、太陽からあまりにかけ離れているために、目に見える惑星におよぼされるそれらの重力作用が取るに足らないものになっているからである。「これとは別に、ミラー惑星が、別の『次元で』通常惑星の周囲を巡っている可能性もありうる」とフットは述べている。「そうした惑星は、探り当てるのが非常に難しく、そのため、その存在はこれまで見落とされていたふしがあるのだ」。

ところがミラー惑星は、太陽系にミラー・ワールドが存在することを裏づける唯一の証拠ではない。一九八〇年代には、太陽が単独で存在しているのではなく、それには超微弱な伴星が付随している可能性がほのめかされていた。この突拍子もない発想を支えていたのは、地球生命の大量絶滅がほぼ二六〇〇万年に一回の割合で起きるという主張だったが、これを巡っては激論が交わされていた。太陽に「ネメシス」という名の隠れた伴星が存在し、それが非常に細長い軌道を取ることで、太陽に二六〇〇万年に一回の割で接近するとすれば、太陽系を巡っている彗星のオールト星雲も、それとまったく同じ周期でかき乱されることになるのだろう。そうなれば彗星は、地球と衝突する軌道へ乗せられ、その結果、地球との破滅的な衝突が起こり、生命の大量絶滅が引き起こされることになるのだ。

宇宙を体系的に探査しても、太陽の伴星は発見されることがなかった。ところが、ロシアはノボシビルスクにあるブドカー原子核物理学研究所のズラプ・シラガージェによれば、ネメシスは存在するかもしれないが、その場合それは、ミラー恒星になるはずだという。「その存在を立証するのは非常に難しいが、それについて思索を巡らすのは確かに楽しい作業だろう」とフットは述べている。

天文学的な質量スケールでは、ミラー小惑星とミラー彗星とが存在する可能性は、どのくらいあるのだろう？　フットによれば、それはありえない話ではないという。フットは一九〇八年にシベリアのツングースカ地方に壊滅的な被害を与えた天体が、ミラー小惑星かミラー彗星のどちらかであった可能性があるとすら考えているのだ。ツングースカを襲ったこの天体衝突では、二〇〇〇平方キロメートルにもわたる森が破壊されたが、隕石の痕跡は、いっさい発見されなかった。通常物質とミラー・マターとの間にごくわずかな相互作用が見られたことで、ごく弱い摩擦力が生じ、そのことで天体の運動が鈍らされ、大気にエネルギーが放出されることになったのだろう。その結果、地上には、比較的少量のエネルギーしか降り注がないことになったのだ。

メルボルン大学でのフットの同僚であるレイ・ヴォルカスによれば、この仮説は、ツングースカで採取したサンプルをもとに検証可能だという。上手くいけば、地下に広範囲にわたってエネルギーが分布している証拠がつかめるかもしれないのだ。「もちろん、ツングースカとミラー・マターは、無関係なのかもしれない」とフットは言う。「だが私としては、両者が密接に関わっていると考えたいのだ！」

シアトルにあるワシントン大学の物理学者ジョン・クレイマーは、『重力の影』〔小偶黎＋小木曽絢子訳、早川書房、一九九六年〕で、通常の地球と同じ空間を占めているミラー地球について思いを巡らせていた。この二つの地球のスピンは連動してしまうほど密接に絡み合っており、中心密度も低かった。そのため、ミラー地球の中心密度は、通常の地球のそれに紛れることになったのである。「それは実に驚くべき可能性である」とフットは述べている。「だがそれは、確かな話ではないのだ」。

では、『Xファイル』のように、ミラー・ワールドからやって来た人間がこの地球で人類に混じって生活しているなどということがありうるのだろうか？　なるほど、これまで地球外知的生命体の存在を裏づける証拠が見つからなかったという謎にも、それらが目に見える外宇宙ではなく、ミラー・ユニバースに存在しているためと考えれば、説明がつくのかもしれない。ところが、フットによれば、地球にやって来ているミラー地球外生命体は、ある問題に直面するはずだという。われわれが地面に沈み込まずに済んでいるのは、足を構成している原子内の電子が、地球を構成している原子内の電子と激しく反発しあっているためだ。つまり、われわれが地上を闊歩できるのは、電磁気力のおかげなのである。では、ごく普通の電磁気力すら経験することのないミラー人間の場合はどうなってしまうのか？　「仮に、ミラー人間が地球にやって来たとしても、彼らは、あっという間に地球の中心へと落ち込んでしまうだろう！」とフットは述べている。

われわれの宇宙が、知らず知らずのうちに、独自の光はもちろん、物質、恒星、惑星、動物までをも完備したミラー・ユニバースに重ね合わせられてしまう可能性があるというのは、実に驚くべき発想だ。それにしても、われわれの宇宙を作りなしている広大なミラー・ワールドが見過ごされてきたというのもまた、信じられない話である。ここからは当然、次のような問いが生まれるはずだ。「見過ごされてきたのは、本当にこれだけなのだろうか?」若きスウェーデンの物理学者マックス・テグマークによれば、答えは明らかに「ノー」であるという。テグマークが正しければ、望遠鏡をフル稼働させて行われてきた観測と、それに基づく推測によって描き出された宇宙像は、「宇宙の真相」のごく一部しか捉えていないのだという。われわれの宇宙とは、無限にある宇宙のほんの一部にすぎず、しかも、そうした宇宙の一つひとつには、多種多様な物理学法則が働いているらしいのだ。

＊　＊　＊

心の準備はいいだろうか。宇宙は今まさに、これまで想像されていた以上に大きくなりつつあるのだ。

第8話 究極の多宇宙《マルチバース》

宇宙を眺めわたしてみよう。もしそこに、物理学と天文学におけるいくつもの偶然が一つになって、人類の利益を生み出した様を見て取ることができれば、あたかも宇宙が人類の登場を予見していたかのように思えるだろう。

フリーマン・ダイソン

そして、すべての男女に言っておきたい。無数の宇宙の前では、魂を穏やかにしておこうと。

ウォルト・ホイットマン『私自身の歌』

水晶のような天球に釘づけにされた数個の恒星を別にすれば、宇宙に存在しているのは、太陽といくつかの惑星だけにすぎない。有史以来、人類はずっと、そう考えてきた。時代ははるかに下り、二〇世紀の幕開けになると、天文学者は新たに登場した巨大望遠鏡の助けを借りて、太陽が「天の川」と呼ばれる巨大な恒星の渦をめぐる一〇〇〇億以上もの恒星の一つにすぎないことを突き止めたのだった。その後さらに(ここで問題にしているのは約七〇年前の話なのだが)、天の川が互いに離れていく一〇〇億もの銀河の一つにすぎないことが明らかになった。それはちょうど、「ビッグバン」と呼ばれる巨大爆発によって、無数に飛び散った恒星のかけらのようだった。

「天文学の歴史とは、人類が屈辱感を募らせていった歴史だ」。いみじくもこう述べたのは小説家マーティン・エイミスだった。ここ一世紀というもの、人類はますます狭まっていく世界のさなかで、その地位を失ってきた。人類から見れば、宇宙像の拡大に伴って生じたこの状況は、どのようにも対処できる些細な問題ではあるまい。なぜなら、人類にはすでに激しい心の動揺が見られるようになっているからだ。だからこそ、人類がいよいよ、これまで歩んできた道の終着点にたどり着いたと考える場合には、次のボディーブローに備えるべきだろう。われわれの宇宙は、唯一の宇宙ではなく、時間の川に立った泡のように漂流している数え切れないほど多くの宇宙の一つにすぎない。こう確信する物理学者の数は、ますます増えているのだ。

そうした物理学者の一人が、ペンシルバニア大学のマックス・テグマークだ。[42] テグマークは「多宇宙」を想定し、各宇宙が、様々な物理学法則が奏でる調べに合わせて舞を舞っていると考えている。

それは注目すべき発想だ。この発想にテグマークがたどり着いたのは、ある注目すべき道を通じてのことだった。つまりそれは、抽象的で秘教的な問いを考え抜くという道だったのである。それは、「数学が、宇宙を記述するのに恐ろしく長けているのはなぜか?」というものだった。

三五〇年ほど前のことになるが、アイザック・ニュートンは、力の影響を受けている天体の運動は、ごく単純な数式によって、あますところなく記述できるという事実を発見した。ニュートンの意思を継いだ歴代の物理学者は、数学を駆使して世界をできるだけ簡潔に描写しようとしてきた。自然界の内奥で働く作用の分析にとてつもない成功を収めた人類は、かつてガリレオが述べた、「自然の大いなる書物は、数学的象徴によって綴られている」という言葉に、何の疑いも抱かなくなっている。ここには、次のような強烈な暗示が現れているのだ。「神こそが数学者であり、物理学者が宇宙をあますところなく描き出すことに成功したとすれば(実在の根本的な特徴のすべてを見事に要約することができたとすれば)、そうした『万物の理論』は数学理論になるだろう」と。

以上をより正確に見てみよう。数学という建物は、数学者が「形式体系」と呼ぶ組み立てブロックからできている。そうした体系のおなじみの例には、算術や、ユークリッド幾何学の名で知られる「枚葉紙の幾何学《フラットペーパー・ジオメトリー》」がある。ところが数学者はこのほかにも、ブール代数や群論のような数多くの形式体系を心得ている。形式体系は、一連の既知の事実である「公理」と結果である「理論」から成り立っているが、それらは論理規則を応用することで、体系そのものから演繹することができるのだ。たとえば、ユークリッド幾何学の公理には「二本の平行線は決して交わることがない」という命題が含まれている。一方、この公理から演繹されうる理論には「三角形の内角の和は常に一八〇度である」という命題が含まれている。

松の木に囲まれている時が一番幸せだというスウェーデン人のテグマークは、数学を、枝という枝にきらびやかな箱がぶら下げられている背の高いクリスマスツリーに見立てるのがお好みだ。そうした箱一つひとつには、種類の違う形式体系が収まっている。中にはすでに開けられて中身を確かめられているものもあるが、多くはそうではない。だからこそ世界中の数学者たちがたゆまず研究を続けているというわけだ。箱の中にどんな驚きが隠されているかは、誰にもわからない。「ところが、一つだけ確かなことがある。そうしたまだ開けられていない箱の一つには、万物の理論が収められているはずなのだ」。テグマークはこんな風に述べている。

ここから、次のような重要な問いが生じてくる。この箱は、なぜわれわれの宇宙に対応しているのだろう？　結局のところ、数学という木の枝にぶら下がっている箱一つひとつに収められているのは、形式体系である。ただし、複雑さの度合いを別にすれば、そうした箱には見分けがつかないのだ。「ではなぜ、特定の箱がその他の箱に優先されるのだろうか？」テグマークには、そんな思いがあるようだ。「無数にある数学形式の中で、たった一つの形式だけに、物理的実体が与えられているのはなぜなのだろう？」

テグマークは依然として、この問いの答えを見つけ出せないでいる。ところが、ここがテグマークのすごいところなのだが、問いの答えを見つけ出せないでいることを失敗とは考えずに、そこに意義を見出していこうとしているのだ。ここにはたぶん、万物の理論を収めている箱には、特別なところが何もないように見える十分な理由があるのだろう。実際、それは事実なのである。

人類は特別な存在ではない

地球環境、とりわけ宇宙における地球の位置づけにはこれといって特殊なところがないという事実は、科学の強力な指導原理であることがわかっている。一六世紀に、ポーランドの天文学者ニコラス・コペルニクスは、天空を行く太陽と惑星の運動があますところなく解明できれば、それは大半の人間が考えているように、地球が宇宙の中心ではなく、太陽の周囲を巡っている惑星の一つにすぎないことが明らかになるだろうと主張していた。

二〇世紀に入ると、このコペルニクスの原理は巨大望遠鏡によって次々と明らかにされていった宇宙像に適用されることになった。ちょうどコペルニクスが、現在「太陽系」と呼ばれる宇宙における地球の位置には、何ら特別な点はないと主張していたように、現代の天文学者も、地球や太陽を含む銀河である天の川における地球の位置を特別なものではないと主張していた。この明らかに貧弱な基盤(天の川に見られる、単調で特殊な性質)の上に築かれているのが「宇宙論」という建造物なのである。宇宙論とは、一二〇億年から一四〇億年前に起こったビッグバンの余波を受けて拡張し、冷却し続けている宇宙が人類の住処であるということを明らかにした科学だ。

テグマークは、直観的なひらめきによって、検証済みのコペルニクス原理を、数学という名の木にまで拡張しようとしている。テグマークがまさに言いたい点は、万物の理論が収まっている箱には、これといって特別なところはないというものだ。ついでに言えば、数学という木にぶら下げられた箱はどれも、特別なものではないのである。しかもそうした箱の間には、優劣の差は見られない。なぜなら、そうした箱のうちのどれ一つが欠けても、宇宙を表すことができなくなるからだ。

ここでしばらく、以上の点について考えてみよう。テグマークによれば、われわれが暮らしていて、万物の理論の調べに合わせて舞を舞っている宇宙のほかに、算術の法則に支配されている宇宙が存在しているのだという。その宇宙は、二次元幾何学から無限次元幾何学にいたる法則に支配されているのだ。天体望遠鏡による探査がおよばない、おそろしく広大な多宇宙には、およそ考えうる数式の調べに合わせて舞を舞う、複数の宇宙が存在しているのである。

次に、この大胆な発想について考えてみよう。一九三〇年代にオーストリアの物理学者ユージン・ウィグナーが、「自然科学における数学の非理性的効用」について述べたことは、あまりにも有名だ。数学が、宇宙の本質を実に見事に要約する理由を満足に説明したものなど誰もいない。あのニュートンですら、物質については明らかに思い悩んでいたのだ。ところがテグマークが正しければ、数学が物理現象を記述するのに非常に長けている訳が、にわかに明らかとなるだろう。その理由は、笑い飛ばしてしまえるほど些細なものだ。つまり、数学が物理現象を記述するのに非常に長けているのは、数学が物理現象そのものだからだというのである。

テグマークによれば、数学という木にぶら下がっているすべての形式体系には、物理的実体が与えられており、それらは現実の宇宙に呼応しているのだ。

テグマークは、コペルニクスの原理を、われわれの宇宙を超えて無限宇宙にまで拡張している。テグマークによれば、宇宙における人類の地位には特別なところは何もないのはもちろん、多宇宙を構成している無限の宇宙におけるわれわれの宇宙の地位にも、特別なところは何もないのだという。

複数の宇宙が存在する証拠

多数の宇宙が存在しているという発想は、目新しいものではない。テグマークは単に、昔ながらの発想を拾い上げ、それを目がくらむほど極端なかたちに仕上げただけなのだ。多宇宙の存在を裏づけるような明確な証拠は、宇宙をつかさどる根本法則から得られている。この根本法則の非常に特異な点は、それらが「微調整」されているように見えるという点だ。つまり、人類ないしは少なくとも生物が存在しうる可能性がありうるということだ。

この注目すべき事実に最初に気づいたのは、イギリスの天文学者フレッド・ホイル卿だった。一九五〇年代にホイルは、重原子が恒星の中心にある炉の奥深くに存在する軽原子から構成されていくプロセスが、一連の奇妙な核の一致に左右されているという事実を発見した。ベリリウム-8、炭素-12、酸素-16という三つの原子の核に、しかるべきエネルギーが充填されていれば、最軽原子である水素は、カルシウムをはじめ、マグネシウム、鉄といった生命を構成する必須要素とも言うべき重原子になりうるのだ。(43)

自然界における「微調整」の事例が、ホイルの発見したものだけだとすれば、それは例外として切り捨てることも可能なのかもしれない。ところが実際には、そうはいかないのである。「自然界に存在する基本力の一つが、現在よりもやや弱いないしは強い事例や、素粒子が現在よりも、やや軽いないしは重い事例が多く見つかれば、銀河をはじめ、恒星や惑星、さらには人類など存在することもないだろう」とテグマークは述べている。

たとえば、重力の場合を考えてみよう。重力の強度が、現在よりもほんの数パーセントでも弱ければ、星の中心部に存在する物質を、数百万度という核反応を引き起こすような高温状態にまで熱することもできなければ、圧縮することもできないだろう。つまり、太陽光など生じないというわけだ。となれば、太陽のような恒星は当然、存在しないことだろう。一方、その逆に、重力が現時点よりもわずか数パーセントでも強まれば、恒星の中心核の温度は一気に跳ね上がり、燃料の消費速度も速まって、恒星は通常よりはるかに早く燃え尽きてしまうはずだ。それでも恒星は存在するだろうが、その寿命は知的生命の進化に要する数十億年とまではいかないだろう。

重力のほかには強い核力があるが、これは原子核同士をくっつける役目を果たしている。強い核力が、現在よりも数パーセント強まれば、太陽は一秒以内に水素燃料のすべてを使い果たし、爆発してしまうだろう。ところが実際には、太陽はほぼ一〇〇億年を超えるとてつもない時間をかけて、燃料をゆっくりと消費しているのだ。こうした緩慢な時間の方が、知的生命の進化には、はるかに向いているのである。(44)

強い力が、現在より数パーセント弱まってしまえば、その力はあまりに微弱になってしまい、重水素を作り上げることもないだろう。これは、恒星が光を放つのに欠かせない要素であり、恒星の内部に存在する水素よりも重い原子を生み出すための第一段階なのである。(45)宇宙にはこうして、生命には不可欠の重原子が存在しないことになるだろう。

強い力に加えて、原子核で働く第二の力が存在する。そして驚くべきことに、その力もまた見事な調和を保っているために、われわれは存在することができるのである。

弱い力は、超新星のような大質量星が爆発する際に、重要な役割を果たしている。特にこの弱い力は、ニュートリノのような亜原子粒子が、物質と相互作用する際の要になっているのだ。ニュートリノは、消滅しかけている恒星の中心深くで、大量に生み出されている。また、宇宙へと広がっていく場合、ニュートリノは、消滅しかけている恒星の外層部を一掃するのだ。

弱い核力が、実際よりもほんの少しだけ強まれば、ニュートリノと物質との相互作用が密になるために、恒星の中心部ではニュートリノは生み出されなくなるだろう。恒星の外層部を払いのけるだけのニュートリノが残されていなければ、爆発など起こらず、恒星が崩壊してしまうこともないはずだ。それとは逆に、弱い核力が現在よりもやや弱まれば、ニュートリノと物質との相互作用があまり見られなくなるため、ニュートリノは、恒星を構成する物質といっさい関わらずに宇宙へと放出されてしまうだろう。そうなれば、恒星の外層部が一掃されることも、さらには超新星が生み出されることもないだろう。

では、以上のような現象は、われわれとどんな関係があるのだろう？　生命には不可欠の重原子は大質量星という炉で生み出される。そして、そうした重原子は大質量星が超新星になり、それらを宇宙空間へと放出しない限りは、永遠にそこに閉じ込められたままなのだ。つまり、弱い力が現在より、わずかでも弱まったり強まったりするだけで、生命に不可欠の鉄、カルシウム、ヨウ素といった原子は宇宙空間へと吹き飛ばされ、そこから新たな恒星や惑星、さらにはわれわれのような存在までもが生み出されるというわけである。「微調整の事例には事欠かない」と言うのは、天文学者でケンブリッジ大学王立協会教授のマーティン・リースである。「これまで検討されてきた、宇宙の物理定数と初期条件の大半は、ある程度微調整されているようだ」。

物理学者の言う「物理定数」ないしは「基礎定数」とは、宇宙をつかさどる究極の量を指す。この定数には、四つの力の強度や素粒子の質量を表す数が含まれている。

なぜ、物理定数に微調整が加えられているなどということになるのだろう？　「それはたぶん、偶然の一致なのだろう。私もかつては、そう思ったものだ。ところが、今になってみれば、そんな風に考えるのは、あまりに視野の狭いものの見方だと思えるのである」[46]。リースはこんな風にもらしている。

自然界に見られる微調整が、単なる偶然として見逃すわけにはいかないという点には、テグマークも同意している。テグマークは次のように述べている。「考えられる解釈は、二つしかない。一つは、宇宙が創造主の手で、とりわけ人類のために生み出されたというものであり、もう一つは、宇宙には複数の宇宙が存在しており、その一つひとつには多種多様な基礎定数が見られるというものだ。後者の場合であれば、銀河はもちろん、恒星や生命の誕生を許すような基礎定数が見られる宇宙に人類が暮らしているとしても、驚くには当たらないだろう」。

「これまで『宇宙』と呼ばれてきたものは、ある総体《アンサンブル》の一部にすぎない可能性がある」とリースは述べている。「人類を生み出した宇宙は、複雑性と意識とを進化させうる特異な部分なのである」。

多宇宙を構成する複数の宇宙の中には、四つの力の強度が地球上のそれとまったく異なる宇宙も多々存在することだろう。実際、あらゆる物理定数に対応しているような宇宙《アンサンブル》が存在するのだろう。『『多宇宙』という概念は、宇宙に対する見方を飛躍的に押し広げるだけの潜在力を備えている。この認識論上の変化はちょうど、コペルニクス以前の世界から、地球が銀河の端に存在する典型的な恒星を巡っており、天の川自身も無数に存在する銀河の一つにすぎないという事実に、人類が目を開かされることになった世界への移り行きを髣髴《ほうふつ》とさせるものだ」とリースは言う(47)。

ところが、多宇宙の存在を裏づける証拠は、物理学の基礎定数に微調整が加えられているという点だけではない。「すべてを、あますところなく説明するような理論を立ち上げるのは非常に難しい」と言うのは、カリフォルニア大学デイヴィス校の物理学者アンドレアス・アルブレクトである。そしてテグマークは、「多様な視点から自然を分析することで明らかになりつつあるのは、われわれの宇宙が膨大な数にのぼる宇宙の一つにすぎないという事実なのだ」と主張する。

そうした数ある視点の一つが、ひも理論だ。この理論のおかげで、量子論とアインシュタインの提出した重力理論とを一つにまとめ上げようという気運が見られるようになっている(48)。ところがそれには、代価が不可欠なのだ。ひも理論によれば、クォークやレプトンは、点のような粒子ではなく、一〇次元時空で振動している、とてつもなく小さな「ひも」の一部だという。

ひも理論家にとって、最大の問題が何であるかははっきりしている。それは、次のような問題だ。もし究極の実在が一〇次元だとすれば、人類はなぜ三つの空間に時間を加えた四次元しか経験しないのだろう？

この問いに対して、ひも理論家が通常用意しているのは、次のような答えだ。それは一〇次元のうちの六つの次元は、何らかの理由で小さなループの中に巻き上げられているに違いないというのである。このループは原子よりもはるかに小さいはずだ。そうでなければ、その姿はとうの昔に捉えられていただろう[49]。ところが、余剰次元が巻き上げられているのだとすれば、新たな問題が生じてくる。それは、巻き上げられているのはなぜ六次元でなければならないのかという問題だ。つまり、巻き上げられる次元数が、一つでも五つでも九つでもないのはなぜかということである。残念ながら、この点について、ひも理論家は口をつぐんだままである。

ところがテグマークは、オースティンにあるテキサス大学の物理学者でノーベル賞受賞者でもあるスティーヴン・ワインバーグの著書に倣っている。ワインバーグは「われわれが犯してきた誤りとは、一つの理論に凝り固まって、その他の理論には見向きもしないという点なのだ」と述べているのだ。

テグマークによれば、ひも理論が、巻き上げられた六つの次元を備える宇宙を特殊な方法で選り分けていない理由は、そうした宇宙が特別なものではないからだという。ここで、再びコペルニクスの原理が登場する。ひも理論によれば、ありとあらゆるかたちで次元を巻き上げることのできる一群《アンサンブル》の宇宙が存在しているという。つまり次元には、一から一〇までの番号がつけられている。だからこそ、五次元から一〇次元までが小さく巻き上げられている宇宙が存在するのであり、一次元が巻き上げられている宇宙や、二次元から一〇次元までが巻き上げられている宇宙が存在しているといった具合なのだ。「次元のあらゆる巻き上げられ方に応じて、文字通り無数の宇宙が存在しているのだ」とテグマークは主張しているのである。

ではなぜわれわれは、四つの大きな次元と、六つの巻き上げられた次元を備えた宇宙に存在しているのだろう？　この問いに答えようとしたテグマークは、三つの空間次元と一つの時間次元とを備えていない宇宙では、物理学はどんなものになるかを体系的に検討することにした。その結果わかったのは、三つ以下の空間次元しか備えていない宇宙では、重力や重大な「位相学《トポロジー》上の問題」は存在しないという事実だった。「たとえば、二次元空間では神経繊維が交わりえないということが問題になる」とテグマークは述べている。「同じように二次元空間では、何かを食べて糞をすると、猫は半分になってしまうという問題も出てくる。これは一世紀以上も前に、エドウィン・アボットが数学寓話の古典『多次元・平面国』（石崎阿砂子＋江頭満寿子訳、東京図書、一九九二年）で探っていた問題だ」。

テグマークはまた、複数の時間次元を備えた宇宙も研究対象にしている。テグマークによれば、そうした宇宙は予想に反して、それほど不気味な世界ではないのだという。というのも、そうした宇宙を観測する場合には、観測者の視点は相変わらず一つの時間次元にとどまることになるからだ。「問題は、物理学が初期条件の影響を強烈に受けてしまうために、未来予測などできなくなるという点だ」とテグマークは述べている。

三つ以上の空間次元を備えた宇宙では、一九一七年に物理学者パウル・エーレンフェストが初めて指摘した問題が頭をもたげてくる。古典物理学および量子物理学のいずれにおいても、安定した軌道など存在しない。電子であれ惑星であれ、粒子は螺旋運動を無限に繰り返すか、無限に飛行していく。テグマークの言葉を借りれば、「このために、太陽系はおろか、原子までもが切り捨てられてしまうのだ」というわけである。

テグマークの結論によれば、物理学が次の三点を提供しうるのは、三つの空間次元と一つの時間次元を備えた宇宙においてだけのようだという。その三点とは、生命のような興味深い現象を生み出すには不可欠の豊饒性、予測可能性、安定性だ。「私としては、ほかの時空にはわれわれのような観測者が存在しえないなどと頭ごなしに決めつけることはできないのだ。だが、その可能性はまずないだろう」とテグマークは述べている。

テグマークが突き止めた重要な点とは、複数の異なる次元を備えた宇宙が、ほかにも存在すると考えて初めて、人類の住む宇宙が、なぜ三つの空間次元に一つの時間次元を加えた宇宙であるのかを理解することができるというものである。テグマークはこの点を、多宇宙内にはありとあらゆる基礎定数や、時空次元を備えた複数の宇宙が存在することの証左と考えている。

ではなぜここで、話は打ち切りになるのだろう？　実際それはなぜなのか？　まさにこの点こそ、テグマークが多宇宙支持派をはるかに凌駕している点なのだ。

究極の多宇宙

テグマークによれば、多種多様な基礎定数と次元とにつかさどられた複数の宇宙は、まさに多宇宙と呼ぶにふさわしいほど膨大な宇宙の、ほんの一部にすぎないのだという。乗り物を例に取ってみよう。様々なデザインや色の自動車は、数ある「乗り物」のうちのほんの一部にすぎない。乗り物には、自動車のほかにも自転車をはじめ、超高速列車や原子力潜水艦、さらには月ロケットなどもあるのだ。同じように、テグマークは様々な基礎定数や次元を備えた宇宙は、物理学の多様な方程式につかさどられている複数の宇宙のごく一部にすぎないとしている。

ありとあらゆる数式に対応している一群の宇宙には、およそ考えられうるすべての宇宙《アンサンブル》が詰まっている。テグマークは、それを「究極の総体《アンサンブル》」と呼んでいる。テグマークがこの発想を思いついたのは、カリフォルニア大学の大学院生だった一九九二年のことだった。「初めのうちは、そんな発想を友人に冗談めかして話していた」とテグマークは述べている。「ところがその発想は、繰り返し頭をよぎったのだった。それで、それが脳裏にこびりついて離れなくなってしまったのである」。

テグマークがその発想を科学論文というかたちに仕上げたのは、一九九六年夏のことだった。しばらくその論文は日の目を見ないでいたのだが、それはテグマークには、その論文に見合った物理学雑誌が思い当たらなかったためだ。専門雑誌に論文を投稿する代わりにテグマークは、それをインターネット上で公開したのだが、ふたを開けてみるとそれは、多くの関心を呼び起こすこととなったのである。現在では、テグマークの論文について議論し、その意義を検討するためのニュースグループが、物理学者やコンピュータ科学者らによって立ち上げられるまでになっている。[50]

では、そうした複数の宇宙は、どこに存在しているのだろうか？　天文学者が望遠鏡を通じて地球外を眺めたところで、そこにはたった一つの宇宙しか見えてこないだろう。では、複数の多様な宇宙が存在している証拠は、どこにあるのだろう？　手短に言えば、そんなことは誰にもわからないのである。とはいえ、宇宙誕生直後の状態を記述しているということで名高いインフレーション理論が、一つの可能性を提示している。インフレーション理論が正しいのなら、観測可能な宇宙とは、それを包み込んでしまうほど広大な宇宙に存在する極小の泡にすぎない。ひも理論家の中には、多種多様な泡の内部では、物理学法則が様々なかたちで「締め出されている」と考える者すらいるのだ。ちなみに、テグマークの言う余剰宇宙の中には、そうした泡のおかげで突き止められる可能性が出てきたものもあるのである。[51]

ここで、ふと浮かんでくるのが、「以上の点がどのように多世界概念と結びつくのか？」という問いである。ありとあらゆる歴史が展開されうる多重宇宙や多重世界が、存在しているのかもしれないという発想については、第二話では見た通りだ。ところが、今問題にしている発想とは、複数の宇宙がありとあらゆる物理学法則に従って生み出されているという発想なのである。

テグマークは、この二つの発想の類似性を、実によく心得ている。つまりテグマークは、次のように述べているのだ。「自然を様々な角度から眺めることで、複数の宇宙／実在が存在しているらしいことが明らかになってきた。ところが、現時点ではまだ、バラバラになったピースがどの様に組み合わさって全体像を生み出すかについては、何もわからないのである」。

とすれば、複数の宇宙からなる大規模な総体《アンサンブル》が存在すると考えるだけの価値はあるのだろうか？　テグマークによれば、もちろんあるに決まっているという。「何でもあり」の多種多様な宇宙が存在しているという発想には実際、予見力が備わっているのかもしれない。たとえば、宇宙を余すところなく記述するという万物の理論の場合を考えてみよう。「ブラックホール」という用語の生みの親として有名なアメリカの物理学者ジョン・ウィーラーによれば、物理学者が将来、万物の理論を手に入れることになった場合ですら、落胆してしまうような結果しか生まれないだろうという。なぜか？　それは、彼らが相も変わらず次のような回答不能の問いに直面する羽目になるからである。その問いとは、「自然はなぜ、この一連の方程式だけに従っているのか？」というものだ。

テグマークによれば、無限の宇宙を想定すれば、このジレンマから逃れる道が生まれるのだという。それはどのようにしてか？　さて、われわれが住む宇宙(ということは、万物の理論も)は、われわれの存在によって、決定づけられている。数ある条件は、人類が進化するのに適したものに違いない。そう考えれば、無限の宇宙からわれわれの宇宙が選び出されたことや、万物の理論がしかるべき形態を備えている理由がはっきりするはずだ。どうやら、物理学を最終的に決定づけているのは、生物学らしいのである。

人類が地球に存在する訳の訳……

宇宙が現在のような姿をしているのは、人類がそこに存在しているためだという発想は、「人間原理」の名で知られている。この原理を支えているひどく倒錯した論理は、本章の冒頭で披露しておいた。それは、物理現象に微調整が加えられているということを、多宇宙の存在を裏づける証拠にしようとしてのことだった。テグマークは同じく、この論理を駆使して、われわれの宇宙に四大時空次元が存在している謎を解き明かそうとした。しかもその論理は、究極の総体《アンサンブル》である無限の宇宙にも応用可能なものである。ちなみに、そうした宇宙の一つひとつは、様々な物理学法則につかさどられているのだ。「重要なことは、多種多様な数学構造が存在し、その一つひとつに物理的実体が伴っているとはいえ、そう見えるものは、実際にはごくわずかでしかない」とテグマークは述べている。「たとえば、ユークリッド幾何学で構成された宇宙は確かに存在している。ところが、その公理から、知的生命体が進化するということは、ありえないのである」。

知的生命体が進化する宇宙があるとすれば、それは唯一、そのためのしかるべき条件が整っている宇宙ということになる。宇宙が現在のような姿をしている理由は、そうでなければ人類など存在していなかったからである。

テグマークによれば、重要なのは生命に不可欠の諸条件を正確に定義づけることだという。正確な定義づけがなされていれば、多宇宙を調べまわり、申し分のない宇宙を見つけ出すことができるというのだ。これはどうやら、骨の折れる作業のようだ。「われわれは現在、あいまいにしか定義されていない生命を引き合いに出すことで、自然科学の精度を高めようとしているのである」とアルブレクトは述べている。

「生命に不可欠な条件」について問題にする場合、テグマークは非生物学的な生命が存在する可能性をも切り捨てないよう、十分心がけている。つまり、炭素ではなくシリコンから生み出された生命や、コンピュータのソフトウェアから生み出された生命、あるいは想像もつかないものから生み出された生命が存在しているかもしれないのだ。テグマークは、「自己を認識する基体（ＳＡＳｓ：self-aware substructures）」というやや厄介な概念を編み出しているが、それはありとあらゆる生命形態を表現しようとしてのことだ。万物の理論に制約を加えているのはまさに、ＳＡＳｓの進化に不可欠の条件なのだ。「物理学法則をつかさどっているのは、通常よりも広い意味を持った生物学なのだ」とテグマークは述べている。

つまり万物の理論を突き止めれば、おのずとＳＡＳｓに不可欠な条件を定義することになるのである。そうした条件を活用すれば、多宇宙から複数の宇宙を拾い上げることができるのだ。テグマークによれば、ＳＡＳｓを養うことのできる宇宙は、たった一つではないことになりそうだという。

いる。「パラメーター空間に存在しているのは、孤島ではなく、群島のようだ」。テグマークはこう述べている。

そうした宇宙の中には、われわれが使っているものとよく似た物理学の方程式を備えることになるものもあれば、その他様々の方程式を備えるものもあるだろう。ところがテグマークは、究極の総体《アンサンブル》という発想の命運について、次のような重大な予測を立てている。「ごくありふれた宇宙とは、われわれの物理学で使っている方程式によく似た方程式を備えたものになるだろう」。

ここにもまた、例のコペルニクスの原理が関わってくる。われわれの宇宙とは、ＳＡＳｓを養うことができる宇宙のうちの、ごくありふれた宇宙ということになるはずだ。つまり、その宇宙には特別な特徴など、何一つ存在しないはずなのである。「もしあるとすれば、私が間違っているのだろう」とテグマークは述べている。「それは、私が提唱する究極の総体《アンサンブル》という発想の試金石なのだ」。

無駄だらけの多宇宙

究極の総体《アンサンブル》（つまり多種多様な多宇宙）が突きつけられている厳しい現実とは、大半の宇宙が備えている条件によっては、興味深い状況や、生命が生み出されることはないというものだ。大半の人類にとって、そんな発想は忌むべきものだろう。だからこそ、多くの科学者がそれに異を唱えているのである。「それは感情的な反応である。つまり、それは本能的な感情なのだ。彼らは、死人のような宇宙の浪費を好まないだけなのである」。テグマークはこんな風に言っている。

ところがテグマークは、こうした反応が科学的には何の意味もないものだと考えている。「われわれは、何であれ、実在が投げかけてくるものに対しては耐え忍ばねばならないのだ」。

テグマークは反対派に対抗するための、驚くべき反論を用意している。つまりテグマークは、一つひとつの宇宙よりも、多世界の方が情報に乏しい可能性があると主張しているのである。全体とは、部分よりも単純で無駄が少ないのかもしれないというわけだ。

持論を展開する際、テグマークが注目しているのが整数だ。数の持つ複雑性や、情報内容を見積もるための重宝な手段は、最短のコンピュータ・プログラムである二進法(〇と一)である。この方法を使えば、汎整数nの情報内容は、$\mathrm{Log}_2 n$と表される(これが「専門的な話」に思えたとしても心配にはおよばない。重要なのは、汎整数の情報内容が非常に濃い可能性があるという点なのだ)。ところが、これとは対照的に一から始めてそれに一を加え、後は同じように一ずつ加えていく演算ループを作りなすような、ごく単純なコンピュータ・プログラムを使えば、整数集合を生み出すことができる。「全体集合の複雑性は、その部分集合の一つのそれよりも低い」とテグマークは述べている。「私の推論では、逆説めいているのだが、多宇宙に含まれる情報量は、たった一つの宇宙よりも少ないのだ」。

では、テグマークの見解を受け入れなければ、どうなるのだろう？　つまり、多宇宙には個別宇宙ほどの情報が含まれていないために、無駄などありえないという発想を認めないとしたら、どうだろう？　またテグマークの仮説を、手品さながらの「手際よい策略」だと見た場合、どうなってしまうのか？　そうなれば間違いなく、死者のような無限宇宙を備えた多宇宙という発想を受け入れる以外、道はなくなるだろう。確かに、そう思えるはずだ。ところが、多宇宙が存在しているとする場合でも、それにまつわるとてつもない浪費を避ける方法があると考える物理学者がいる。その人物こそ、エド・ハリソンなのだ。ハリソンの説が正しければ、最終的には宇宙の起源が突き止められることになるのかもしれない。「それは、わけもないことなのだ」とハリソンは述べている。宇宙とは、別の宇宙に暮らす超知性体によって生み出されたのだ。

＊　＊　＊

実験室で宇宙を生み出すことができるかもしれないという発見は、宇宙起源を探る上で重大な意味を持つのかもしれない。

第9話 宇宙は天使が造ったのか？

インフレーション理論にしたがえば、観測される宇宙全体がちっぽけな点から出現しうることになるのだから、原理的には宇宙を実験室で創造することができるのではないかと問わずにいるのはむずかしい。

アラン・グース／はやしはじめ＋はやしまさる訳『なぜビッグバンは起こったか』

先生はおかあさんに、ぼくがクラスでいちばんのみこみの悪い子だといいましたが、きょう、ぼくは幼稚園の第三象限に星を作りました。

ジェームズ・E・ガン／浅倉久志訳『幼稚園』

今まさに、究極の実験が始まろうとしている。パープルピンクの霧に包まれた冷たく人気のない月面では、感情を帯びた海が、銀河一個分にも相当するエネルギーをたたえている。そしてさらに、そのエネルギーが凝集されて、小さいがまぎれもない物質のかけらが生まれるのだ。一〇〇〇億個もの恒星が明滅する海上に広がる大気は、ジュウジュウと音を立てて燃え出している。強烈なエネルギーに押しつぶされた物質のかけらはねじれては跳ね上がり、激しく震えながら「逆向きの核爆発」のように爆発する。するとその物質のかけらはますます凝縮されていき、原子よりも小さくなる。それは原子を構成する最小の構成素よりもはるかに小さい。想像を絶する微視的領域以下の世界へと、まっしぐらに突き進んでいくというわけだ。やがてにわかに、その動きは何の警告もなく(何ということか!)止んでしまう。

どこか別の空間や時間で、超高温の火の玉が無から爆発によって生み出されると、それはにわかに膨張と冷却を開始する。この究極の科学実験で得られるのは、「まったく新しい宇宙の誕生」という究極の結果なのだ。

われわれの宇宙は、こうした実験で生み出された可能性があるのだろうか？　それは大いにありうると考える人物がいる。アムハーストにあるマサチューセッツ大学で教鞭を取っていたエド・ハリソンによれば、われわれの宇宙は、人類よりもはるかに高い知性を備えた別の宇宙に存在する知的生命体が行った実験の産物である可能性が高いのだという。

ではなぜ、そんな荒唐無稽な発想が生まれるのだろうか？　それは、ひどく謎めいたわれわれの宇宙の特性に、光を当てることになりうるからだ。これは、宇宙の生命をつかさどる物理学法則を扱った第8話で焦点を当てた謎である。物理学法則に、ほんのわずかな偏向が見られただけで、宇宙には恒星や生命がいっさい存在しなくなってしまうという事実を、物理学者は突き止めてきた。

ではどうすれば、物理学法則にそうした「微調整」を加えることになるのだろうか？[52]　この問題については、たった二つの解釈しか成り立たないようだ。一つは、宇宙が至高の存在である神の手で人類のためだけに生み出されたという解釈である。そしてもう一つは、宇宙が現在見られるような姿になっているのは、もしそうでなければ、そもそも人類など存在しているはずもなく、そんな事実が問題になることもなかったというものだ。「人間原理」と呼ばれるこの奇妙に倒錯した論理によれば、微調整されることで、銀河はもちろん、恒星や生命までをも生み出す宇宙に人類が存在していることなど、驚くには当たらないのだという。でなければ、人類はここまでの進化を見せなかっただろう！

この人間原理からはごく自然に、われわれの宇宙が、唯一の宇宙ではなく、複数の宇宙から成り立っている「大きな宇宙」の一部にすぎないという発想が生まれる。この「多世界」内に存在する宇宙それぞれでは、四つの基本力に様々な意義が備わっており、素粒子にも多種多様な質量が備わっているのである。さらに、マックス・テグマークが示しているような極端な視点に立てば、物理学法則はまったく異なったものになるだろう。

われわれの宇宙が、至高の存在によって生命のためだけに生み出されたという可能性は、科学者をも含んだ多くの人々に受け入れられている。「こうした解釈の欠点は、不幸なことに、さらなる科学研究をことごとく抹殺してしまうという点にある」とハリソンは述べている。

われわれの宇宙以外にも無数の宇宙が存在するというもう一つの論理的可能性もまた、大いにありうるのだとハリソンは述べている。ところがこうした発想をとれば、当然、圧倒的多数の宇宙には、銀河をはじめ、恒星や惑星の誕生には欠かせない、非常に特殊な諸条件など備わっていないということになってしまう。ハリソンからすれば、これは取るに足らない点である。「多世界という発想を取るには、退屈で生命を欠いた無数の宇宙を前提としなければならないのだ。私に言わせればこれは、まさに宇宙規模での『大いなる無駄』なのである」。そうハリソンは述べている。

ではハリソンが、「ほとんどが暗闇に包まれた不毛な複数の宇宙から成る荒涼とした多世界」という発想を受け入れないとすれば、物理学が、人智を超えた至高の存在によって微調整されていたという事実を受け入れる以外、道はないのだろうか？　そんなことはあるまい。政治の世界同様、宇宙論でも第三の道は存在するのかもしれないからだ。ハリソンによれば、問題の多世界は、想像しうる限り、荒れ果てた土地ではありえないという。実際それは、銀河をはじめ、恒星や生命を備えた宇宙に完全に牛耳られてしまうこともありうるのだ。ただし、それには一つだけ前提条件が要る。生命をはらんだ宇宙には、複製能力という特殊能力が備わっていなければならないのである。

自己複製する宇宙

こんな発想を持ち出したのは、ハリソンが初めてではない。数年前にも、当時ニューヨークにあるシラキューズ大学の物理学者だったリー・スモーリンが、星が劇的に収縮することで生じたブラックホールの奥深くで起きている現象について、しきりに論じていたことがあった(53)。ブラックホール内部は、人智をはるかに超える神秘に満ち満ちた場所であり、そこでは既知の物理学法則など何の役にも立たない。とはいえ、そこで生じている現象について物理学者が思索をめぐらすことをあきらめてしまったというわけでもなかった。ある発想によれば、ブラックホール内部が収縮するのは唯一、やや毛色の違った物理学法則が支配する別の宇宙と同じように、それが元の状態に舞い戻るはるか前だけなのだという。ところがそれは、われわれの宇宙ではなく、どこか別の場所での話なのだ。なぜなら、それこそが内部に存在する無が再び出現しうるというブラックホールの法則だからである。

スモーリンが考えるように、ブラックホールから複数のベイビーユニバースが生まれるとすれば、大半のブラックホールを今にも生み出そうとしているそうした宇宙は、子孫となる大半の宇宙を生み出すことになるだろう。もし、生み落とされた宇宙が、元の宇宙に似ているのなら、多数のブラックホールを生み出している宇宙は当然、多世界を牛耳るようになるだろう。[54] とすれば、人類は、ブラックホールを生み出すのに最適な宇宙に暮らしているに違いないのだ。

だが、この発想には不備もある。生命を備えた宇宙が多世界をつかさどっていくという前提条件とは、多数のブラックホールを備えた宇宙が、さらに同様の宇宙を生み出すというものではなく、生命を備えた宇宙そのものが自己増殖するというものだ。スモーリンはこの点をよく心得ている。だからこそスモーリンは、ブラックホールを生み出している物理学法則とまったく同じ法則によって、生命現象が生み出されているはずだと主張しているのだ。ところがハリソンは、この点には若干納得しがたいものがあると考えている。「数多くのブラックホールを生み出している宇宙が、同じように生命をも生み出しているという発想には、納得がいかない」とハリソンは述べているのだ。[55]

ハリソンは、自己複製する宇宙という発想に、斬新なねじれを加えているのである。生命を備えた宇宙が多世界をつかさどるようになっているのは、知的生命体が率先して新たな宇宙を生み出しているためというわけだ。ひとまずブラックホールのことは置いておこう。生命そのものが、それに代わって「宇宙創生」という仕事を引き継いでいるのだ。「生命現象に適った宇宙で、新たに生み出された生命は、高い知性を備えるまでに進化し、それに続いて更なる宇宙を生み出している。一方、生命現象にそぐわない宇宙では、生命など進化するはずもなく、したがって、自己複製など起きるはずもないのである」。

ハリソンによれば、生命が誕生し進化するのに最適な物理学法則は、生命そのものによって自然に選び出されるのだそうだ。というわけで、ハリソンは自説を「宇宙の自然選択説」と呼んでいるのである。ハリソンが正しいのなら、われわれの宇宙の起源は、もはや謎ではないことになる。それは、まったく別の宇宙に住む、非常に高い知性を備えた存在によって生み出されたのだ。

では、この宇宙に見られる物理学法則が、生命のために微調整されているという事実を、どうやって説明すればよいのだろうか？　ハリソンによれば、それには二つの可能性があるという。すでに触れたかとは思うが、その一つは、新しく誕生した宇宙はおのずと、それを生み出した親宇宙の特性を受け継いでいるというものだ。それはちょうど、ヒトの子供が親の特性を譲り受けているようなものである。世代間で物理学法則に少しでも「遺伝的変異」が見られるのなら、新たに生み出された宇宙は、その「先祖」のカーボンコピーではなくなるだろう。つまり、われわれの宇宙を生み出した親宇宙が生命のために微調整されていたり、われわれ自身の宇宙に似ていたりするのだから、われわれの宇宙も同じく生命のために微調整されているはずなのだ。もしそうでないなら生命など誕生するわけもなく、そうなればわれわれの宇宙など生み出されるはずもなかったのである。

とはいえ、親宇宙の特性が、そこから生まれた宇宙に自動的に受け継がれていないのだとすれば、観測を通じてわかっている微調整には、別の解釈も成り立ちうる。われわれの宇宙を生み出した存在は、知的生命の進化を促すような物理学法則を目指して積極的に行動してきた。厳密に言うなら、これはダーウィン進化論の特徴とも言うべき「自然選択」とは呼べないだろう。自然選択が生じるのはただ、変異(この場合は物理学法則における変異だ)が、ランダムに起きる場合だけである。もし、親宇宙に住む意識を備えた生命が、問題の変異を「プログラム」していれば、状況はもっと遺伝子工学に近いものになっているはずだ。ハリソンに言わせるなら、この現象は「自己誘導型の選択」とでも呼ぶのが正確なところなのだそうだ。

ハリソンの言う「知的生命体が仕組んだ宇宙の自然選択(あるいは「宇宙の自己方向づけ」による選択ですらある)」という発想が正しいのなら、宇宙が生命にとって最適な場所のように見えるのはなぜかという謎は、いかにもおあつらえ向きの答えに見えてしまう場合もあるだろう。宇宙が生命に「やさしい場所」のように見えるとすれば、本質的にそうデザインされていたからなのだ。ところがハリソンによれば(そしてこれが「斬新なひねり」なのだが)、宇宙を創造したのは至高の存在である神ではなく、人類より優れた知的生命体だったというのである。その知的生命体は、「天使」と言ってもよいかもしれない。「知的生命体は、宇宙創造という仕事を引き継いでいるのだ。つまり、宇宙創造というテーマは宗教の領分からこぼれ落ち、今や科学研究にふさわしいテーマとなっているのである」。

ところで、ハリソンの推論には、これまで黙殺されてきた重要な前提が含まれている。その前提とは、高度に進化した文明であれば、宇宙を新たに創造することなど実際に可能だというものである。これは、現実とはかけ離れたＳＦの世界での話なのだろうか？　どんなに荒唐無稽に見えようが、それはＳＦではないのだ。一〇年以上にもわたって物理学者は、宇宙を新たに生み出すきっかけとなる方法を編み出してきた（もっとも、それはおおむね具体的な方法ではなかったのだが）。

宇宙の作り方

宇宙の作り方は、ロシアの物理学者アレクセイ・スタロビンスキー（一九七九年）と、アメリカの物理学者アラン・グース（一九八一年）によって、別々に突き止められた。この二人の物理学者が特に問題にしていたのは、宇宙誕生直後の真空状態だった。「真空」と聞くと、からっぽの空間を思い浮かべてしまいがちだが、現代物理学者の目からすれば、「量子真空」はそれとは似ても似つかないものなのだ。それは空虚な空間であるどころか、かき乱された「エネルギーの海」なのである。

グースとスタロビンスキーが突き止めたのは、宇宙の密度が一立方センチメートル中に一〇の九四乗グラムほどだったビッグバン直後には、真空が非常に特殊な状態にあったという事実だった。そこには、一種の「反重力」が存在しており、そのために宇宙は急激に膨張していったのである。ところがこれは、真空だけに限った特性ではなかった。真空の特性で何より奇妙だったのは、全くの無からエネルギーを引き出すというものだった。

通常、何らかの物質（たとえば、爆弾が爆発することで生じた高温の破片が作る雲など）が膨張すれば、やがては必ず密度を低下させていく。ところが、初期宇宙における真空状態では、そうではなかった。日常世界でおなじみの現象とは異なり、問題の真空は一定の密度で膨張していき、決して希薄になることがなかったのだ。両手で大量の紙幣を挟み、それをばら撒いたとしても、虚空から大量の紙幣が次々と現れてくる様を思い浮かべてみよう。こんなことになれば、まるで奇跡のような話だが、手と手の間は常に、紙幣がつまったままの状態になるはずだ。ただし、これはおあつらえ向きの金儲け法ではないのだが。ところが、スタロビンスキーとグースによれば、これこそがまさに、時間の始まりにおける真空状態だったのだという。真空が膨張していくにつれ、そこからはさらに多くの真空が生み出された。エネルギーは、無からあれよあれよという間にあふれ出てきたのだ。

そしてついに(とはいえそれはまだビッグバン直後の「瞬間」内での出来事なのだが)、こうした膨張は終息してしまったのだ。真空内に蓄えられていた膨大なエネルギーがにわかに宇宙へと放出されることで、物質が誕生したのである。ちなみにこの物質は、約一〇の二七乗度にまで熱せられたのだ。これこそが、「ビッグバン」と呼ばれるようになった、とてつもなく高温の火の玉だった。(56)

こうしたインフレーション理論が描くシナリオが正しいのなら、われわれの宇宙は超高密度な物質の「種子」から生じたのだろう。そしてこの種子は、真空がとめどもなく「膨張していく」引き金となったのである。ほんの一瞬でしかないこの局面を過ぎると、物質の平衡(無数の恒星や銀河を生み出すには、大量の物質が必要なのだ)は、真空内に収められたとてつもないエネルギーから生み出されることになった。(57)インフレーション理論の支持派が好んで使う表現によれば、宇宙とは「究極のフリーランチ」だったのである。

われわれの宇宙が、物質の小さな種子が引き金となって誕生したのかもしれないという発想に、グースは心を激しく揺さぶられることになった。だからこそ、インフレーション理論を編み出した直後に、科学史上とてつもなく突飛な見解の一つを公表せずにはいられなかったのだ。「実験室で宇宙を生み出すことができるのかもしれない」。グースはそう示唆したのである。

宇宙を生み出す方法は、実に単純明快だった。まず、物質の種子を用意する。ロシアの宇宙論研究者アンドレイ・リンデによれば、用意する種子の質量は、一〇〇〇分の一グラムもあれば十分だという。次に、その種子を宇宙の膨張を誘発することになった超高密度状態まで圧縮する。すると、超高密度下で粉々になった物質から、ブラックホールが生まれるだろう。ところがグース理論によれば、ブラックホール内の超高密度状態は直ちに膨張するだろうが、その舞台となるのは、われわれの宇宙ではなく、ブラックホールという名の「へその緒」によって、われわれの宇宙と結ばれている泡状の時空である。この「へその緒」は実に不安定だ。小さなブラックホールには、つかの間の「住まい」しか与えられていない。それはあっという間に「ホーキング放射」のさなかで消失ないしは「蒸発」してしまうからだ。そして、へその緒が切れた瞬間に、新たなベイビーユニバースが誕生するというわけである。

もちろん、落とし穴は細々とした部分に潜んでいる。ところが、ハリソンはそんなことを問題にもしていない。「宇宙が、具体的にどのようなかたちで生み出されるのかは、重要ではない」とハリソンは述べている。「大切なのは、限られた知性しか持ち合わせていない人類ですら、荒削りながら一見もっともらしく見える宇宙製造法を思いつくことができるとすれば、人智をはるかに超える知性を備えた存在は、その具体的な方法を、理論と技術の両面で心得ている可能性があるという点なのだ」。

宇宙製造

宇宙が、原理上は、日曜大工さながらに実験室で生み出される可能性があるというグースの発想は、冗談めいたものだった。結局のところ、ビッグバン直後の諸条件を再現するには、一立方センチメートルあたり一〇の九四乗グラムまで物質を圧縮しなければならない。そんなことは、現在の科学技術力をはるかに超えているのみならず、それが実現するのははるか先のことになるだろう。ところが(これがハリソンの言いたい点なのだが)、そんな大それた実験が実現するのも、決して夢ではないのかもしれない。「より高い知性を備えた存在(それははるか未来の人類の子孫の場合ですらある)は、実際に宇宙を作り上げる知識と技術とを持ち合わせている可能性があるということも、十分に考えられるのだ」。

現時点での試算によれば、われわれの宇宙の歴史は、一二〇億年から一四〇億年である。ということは、宇宙のどこかに、われわれの宇宙より数百万年ないしは数十億年も先行する技術文明が存在している可能性があるということなのだ(58)。ここわずか一〇〇年で、人類がどれほど進化したかを考えてみよう。一九〇〇年当時の人々の目には、テレビや携帯電話やコンピュータといった現存する技術の大半が、まるで魔術のように映るだろう。[59] あと一世紀人類がかろうじて生き延びたとしたら、人類文明はどこまで進歩するのだろうか？　あるいは一〇〇〇年後にはどうなっているのだろう？　人類文明よりも数百万年も先んじている文明であれば、実際に複数の宇宙を生み出すことができるのかもしれないと考えるのも絵空事とは言えまい。

とはいえ、そうした文明はなぜそんなことをしたいと考えるのだろう？　ハリソンによれば、それは何かを生み出して、それがどのようになるかを、ただ見てみたいだけの話なのだろうという。たいした理由もなく行動するのが、人類というものだ。たぶん非常に高い知能を備えた存在の中には、子供ですら宇宙を生み出してしまうような場合もあるのだろう。それはちょうど、ヒトの子供が工作用粘土で物を作り出すのとまったく同じなのだ！　ちなみにこの発想は、SF作家ジェームズ・E・ガンが、短編「幼稚園」で披露していたものである。

もう一つの可能性は、はるかに進んだ文明が、利他主義に燃えて新しい宇宙を生み出したのかもしれないというものだ。われわれの宇宙は明らかに、知的生命体にとっては居心地のよい場所である。だからこそ、われわれ人類も存在しているのだ。とはいえ、一番居心地のよい場所は、われわれの宇宙ではない可能性もある。慈悲深い創造主さながらに、利他主義を貫く存在なら、知的生命体にとって、もっと居心地のよい宇宙をいくつも生み出してやろうと考えるのかもしれない。そうした動機は実際、中世スペインの哲人王、アルフォンソ賢王が抱いていたものだった。この王は一二七〇年頃に次のように述べていたのである。「余が宇宙創造に居合わせておったならば、宇宙により良き秩序を生み出すための有用なる心得を神に進言しておったろう」。

われわれより高い知性を備えた存在が新たな宇宙を生み出す場合、人智をはるかに超えた理由による場合もあるのかもしれない。動機がどうであれ、新たに生み出される宇宙の数を推測することは可能だ。現在、観測可能な宇宙内に存在する天の川のような銀河の数は、およそ一〇〇億個にものぼる。それぞれの銀河の寿命内に一つの文明が現れ、新しい宇宙を一つ生み出したとすれば(われわれの銀河だけで二〇〇〇億個の恒星が存在しているとすれば、これは妥当な数字だろう)、われわれの宇宙は一〇〇億回も複製を繰り返すことになるだろう。さらに、われわれの宇宙が生み出した子宇宙一つひとつに存在する各銀河に住む知的生命体が、すでに見たような究極の実験を一回だけ行うとすれば、その結果生まれるのは一〇の二〇乗個の孫宇宙だろう。そしてこれが無限に続いていくのだ。こうした宇宙の出生率には、インフルエンザ・ウイルスをはるかにしのぐ勢いがある。だからこそ、生命を備えた宇宙が多世界をあっという間に牛耳ることも大いにありうるというわけだ。

宇宙はなぜ理解可能なのか?

ハリソンの発想には、説得力がある。それによれば、われわれの宇宙に存在する物理学法則が、生命のために微調整されている理由がわかるだけでなく、科学最大の謎の一つに光を当てることができるからだ。この謎は、アインシュタインがすでに指摘していたものである。「宇宙の一番理解し難い点は、それが理解可能だという点である」。アインシュタインはこう述べていたのだ。

アインシュタインのこの言葉に込められていた意味とは、人智のまったくおよばない法則を備えた宇宙を想像するのはたやすいということだった。なぜなら、その法則があまりに複雑で不明瞭だったからだ。実際、宇宙はもっと単純な法則につかさどられているように見える。それはあまりに単純なために、三世紀以上前には、ニュートンが普遍法則である重力の法則を引き出すことができたほどである。そして、ニュートンの時代以来、自然界に働く作用を次々に突き止め、驚くべき成功を収めた人類は、物質世界に対して未曾有の制御を行ってきた。なぜそれは、それほどまでに容易だったのだろう？

ハリソンが正しければ、答えは単純だ。われわれの宇宙が理解可能なのは、それが理解可能な存在の手によって生み出されたからである。彼らは人類よりはるかに進化を遂げているとはいえ、基本的にはわれわれと何ら変わらない存在なのだ。人類の理解を超えることはない知性を備えた存在は、われわれの宇宙を自分たちのそれと同じように仕上げた。ということは、彼らの宇宙もまた理解可能だったのだ。では、そうでない可能性はあるのだろうか？　宇宙を操り、新たな宇宙を生み出そうと思えば、彼らは宇宙に精通していなければならなかったのだ。

「人類は、未知の浜辺に見慣れない足跡を見つけた」と綴っていたのは、イギリスの天文学者アーサー・エディントンだった。「その足跡の由来を説明しようとした人類は、次から次へと深遠な理論を編み出してきた。そしてついに、足跡を残した生物を突き止めることに成功したのだ。何とそれは、人類自身の足跡だったのである」[60]。ところが、実際はこれとはまるで違うのだ。ハリソンによれば、問題の足跡の主は人類ではなく、似てはいるが人類よりも高い知性を備えた存在、つまりは天使なのである。ハリソンが思い描いているところでは、生命は生命を生み、知性は知性を生む。「知性の進化が行き着くところまで行くと、知性を育むような宇宙が誕生する。そんなことも、ありえなくはない」というわけだ。

だが、その進化が行き着く先はたぶん、奇跡のような生命が広がること以上に、平凡なものなのかもしれない。思索に思索を重ねていけば、ひょっとしたら複数の宇宙間を旅することも夢ではなくなるのかもしれないのだ。「生み出された宇宙はたぶん、その生みの親である存在と、没交渉ではないのだろう」とハリソンは述べている。「もし、知的生命体が、宇宙を生み出す方法を心得ているとすれば、彼らは同じように、その生み出した宇宙を探索し、そこを牛耳る方法をも心得ているのかもしれないのだ」。

それは、どのように始まったのか?

ハリソンが描くビジョンは、実に驚くべきものだ。ところがそれには、重要な問題がまとわりついている。われわれの宇宙が別の宇宙に存在する、人類よりはるかに優れた生命体によって生み出されたものであり、また彼らの宇宙もそれに先立つ親宇宙に存在していたはるかに高度な知的生命体によって生み出されていたのだとすれば、大本の宇宙を生み出した者とは一体、誰(何)だったのか？

ハリソンによれば、その一つの可能性が、神だという。これはいかにも説得力に欠ける発想だ。ハリソンは結局、「宇宙における自然選択」という発想を持ち出すことで、宇宙の微調整に関するそれ以外の解釈を退けようとした。ちなみにその他の解釈には不毛な宇宙が無限に存在しているとするものや、大本の宇宙を生み出したのが神だとするものである。とはいえハリソンは、自説と宗教的認識との間には大きな違いがあるとしている。「思うに、物事に先鞭をつけたのは神だが、その後は宇宙に存在する高度な知性を備えた存在が、それを引き継ぎ、更なる宇宙を次々と生み出していったのである」。ハリソンは、こう述べているのだ。

宇宙のそもそもの起源を考える場合、「不毛な多世界」という発想が使えるかもしれない。ハリソンによれば、原初の宇宙は複数の宇宙から構成されていたのかもしれないという。しかも、その宇宙一つひとつには、物理学法則のランダムな変種が見られた可能性があるのだ。そうした宇宙のほとんどは消滅してしまったか、存在していたにしても取るに足らないものだった。ところが、たまたまそうした条件は、少なくとも生命進化にはふさわしいものだったのである。ハリソンは、こうした宇宙を、知性を備えた「母なる」宇宙と呼んでいる。「それ以来、複製を繰り返しているために、知性を備えた複数の宇宙は、宇宙全体をつかさどるようになっている」とハリソンは述べている。「知性を備えていない大本の宇宙はやがて、消え失せそうなほど、小さなかけらになってしまうのだろう」。

それでもまだ、未解決の問題が残っている。至高の存在が最初の宇宙を作ったとすれば、その至高の存在を生み出したのは一体、誰(何)なのか? また、すべてがほとんど死に絶えたような宇宙から始まり、その中から知性を備えた母なる宇宙が偶然生まれたのだとすれば、大本の宇宙とはそもそも、どのようにして生まれたのだろう? ハリソンは、こう述べている。「至高の存在はたぶん、はるかに高い知的生命体が生み出した宇宙を牛耳っていたのだろう。また、原初の宇宙は、別の宇宙に存在する妖術使いの弟子が生み出した、寄せ集めの失敗作からできあがっていたのかもしれない」。

ここでハリソンがほのめかしているのは、哲学者デイヴィッド・ヒュームの言葉だ。ヒュームは一七七九年にこう述べていたのである。「この世界が生み出されなかったとすれば、無数の宇宙はひょっとしたら永遠に出来損ないの失敗作になっていたのかもしれない。無限に続く『世界創造』という偉業では、大変な労力が失われ、様々な試みが徒労に終わり、遅々とはしていたものの、たゆまない進歩が見られたのである」。

ヒュームはここで、宇宙誕生の経緯をほのめかすことができたのだろうか? それは誰にもわかるまい。だが、ハリソンの発想からは当然、次のような状況が生まれてくるはずだ。人類が自滅を回避し、はるか未来にまでかろうじて命をつなぐことができたとすれば、人類の子孫はやがて、より重要な決断を下さねばならなくなるだろう。それは「親になるべきかどうか」を巡る決断にほかならない。

＊　＊　＊

こんな決断を下さねばならないのはどうやら、人類だけではなさそうだ。というのも、ハリソンがほのめかしているように、われわれの宇宙が「生命による生命のための場所」であるなら、ほかの銀河に存在する知的生命体も、遅かれ早かれ同じようなジレンマに直面する羽目になるからだ。問題点をもっと明確にするには、どうすればよいのだろう？　そしてまた、人類以外の知的生命体は、どこにいるのだろうか？　人類はこれまで、地球外生命をも射程に入れた生物学など、持ち合わせてはこなかったのだ。

大半の天文学者によれば、地球外生命体が一番存在していそうな場所とは、太陽に似た恒星に温められている地球によく似た惑星なのだそうだ。とはいえ、カリフォルニアの惑星科学者は、この発想を受け入れてはいない。デイヴィッド・スティーブンソンによれば、宇宙に存在する生命の大多数は、地球のような住み心地のよい惑星になど暮らしてはいないのだという。実態はまるで違うらしいのだ。とすれば、ETを探し出すには、およそ想像しうる限りで最悪の環境に当たればよいことになる。星間宇宙内に見られるような、極寒の真空状態が、その有力候補なのかもしれない。

第3部

生命と宇宙

生命が存在しうる無数の惑星が、星間宇宙の冷たく暗い深淵に潜んでいる可能性がある。

しかし、宇宙には自分の想像のおよばないことがたしかにある、と実感したのは、月の裏側で、あのおびただしい星々を見たときのことだった。ほんとうにものすごい数の星だった。（中略）月の裏側で見た星の光の競演は、その確率を百パーセントもしくは〇パーセントと確信するに充分だった。

アンドルー・チェイキン／亀井よし子訳

『人類、月に立つ』

多世界は存在するのか？　それともこの世界はたった一つなのか？　これは、自然研究における最も気高く高尚な問いの一つなのだ。

聖アルベルトゥス・マグヌス

第10話　星間宇宙の生命

宇宙空間で惑星に出くわすというのは、ほとんど「奇跡」とも呼べるような出来事である。星間宇宙に広がる壮大な暗黒の裂け目で惑星が見つかる確率は、限りなくゼロに近い。だがここでは、ある惑星が見つかったとしよう。宇宙船が螺旋を描きながら着陸態勢に入ると、観測デッキは五感を研ぎ澄ました乗組員でごった返すようになっていた。誰もが、惑星の姿を間近で見てやろうとしていたのだ。漆黒の空間に浮かんだ真っ黒な惑星の姿など、見えるわけもない。まばゆいばかりの光が爆発し、ここ一〇億年内に降り注がれた光をはるかに凌駕する強烈な光で、暗黒世界が照らし出されて初めて、その姿は確認できるのだ。着陸態勢に入った宇宙船は、灼熱の火の玉さながらに高密度の大気を貫いて一条の線を描く。数分もすれば無線が沈黙を破り、宇宙船からは、凍てつくような世界についての一報が間違いなく届けられるだろう。それは、一陣の風すら吹かない、数百万世紀にもわたって静寂が支配する世界なのだ。無線がにわかに息を吹き返し、操縦士が次のような報告をよこしてきた時の衝撃を想像していただきたい。いや、それは報告というより、あらん限りの声で次のように叫んでいるのだ。「何てことだ、とうとう見つけたぞ。この惑星には、生物がうじゃうじゃしているじゃないか！」

生命は、星間宇宙を漂う世界に存在しうるのだろうか？　熱源である太陽が存在しない世界や、時折見られる稲妻と火山から流れ出るチェリーレッドに輝く溶岩によってしか払いのけられることがないような「三途の川」さながらの陰鬱な世界にである。そうした神に見捨てられた場所に、生命活動を期待するというのは、とてつもなく気のめいることのように思えるだろう。ところが、見かけにだまされてはいけない。パサデナにあるカリフォルニア工科大学のデイヴィッド・スティーブンソンによれば、星間宇宙を漂っている数ある世界は、ひょっとしたら全宇宙の中で生命が最も存在していそうな場所ということになるのかもしれない。

惑星が、冷たく暗い星間宇宙に存在しているのかもしれないという発想は、実に斬新なものだ。現在、天文学者が把握している惑星は六〇個を越えている(太陽系にはおなじみの九つの惑星があり、最近では近傍の恒星を巡っている惑星が五〇以上も発見されている)が、そのすべてに「取り巻かれている」のが太陽だ。それはちょうど、キャンプファイアーの周りを巡る蛾のようである。ところが、親を持たず宇宙を放浪している孤児のような「星間惑星」はいまだに発見されていないのだ。(61)

とはいえ、証拠が存在しないからといって、星間惑星が存在していないというわけではあるまい。その本性から言って、惑星は少なくとも恒星に比べると小規模で取るに足らない存在だ。惑星が輝くのは、外部のエネルギー源から届く光がある場合だけである。(62)照明源である太陽とは無縁の生活を送る星間惑星の姿は、肉眼ではまったく捉えられないだろう。たとえそうした惑星がごく当たり前に存在していたとしても、それらは決して発見されることはなかったはずだ。

ではなぜ、そうした惑星が存在していると言えるのだろう？　コンピュータ・シミュレーションを駆使すると、そう考えるのが妥当だからである。「太陽系の誕生」をシミュレートすれば、ごく自然に惑星が生まれてくるというわけだ。ちなみにそのシミュレーションで再現されていたのは、宇宙の胎生期とも言うべき「原始惑星期」に、新たに生まれた太陽の周囲で渦巻くガスと塵の星雲内で進行していたとされるプロセスである。時間の経過とともに、星雲内の塵粒子は集まって大きな粒子となり、それがさらに集まって、より大きな粒子を作りなしていくのである。こうしたプロセスからは必然的に、少数の惑星が生み出される。そうした惑星の中には、木星のような巨大なものもあれば、地球に近いものもある。驚いたことにこの手のシミュレーションでは、地球サイズの惑星を一〇個も生み出してしまうような原始惑星星雲が登場することもしばしばだ。

これは、われわれが知っている太陽系の姿とは明らかに矛盾している。太陽系には現在、地球大の惑星がたった一個しか存在していないからである。仮に金星を加えたとしても、太陽系内に存在する地球大の惑星の数は、二つしかないのだ。ちなみに金星の質量は、地球のそれと大差ないのである。では、地球の兄弟とも言うべき他の惑星には、どんなことが起こったのだろう？

その手がかりは、原始惑星期の星雲内で地球大の惑星が生じたという事実に潜んでいる。コンピュータ・シミュレーションによれば、大半の惑星は巨大惑星の近くで生まれるのだという。地球大の天体は、木星のような巨大惑星が生み出される際に生じた「建築資材」なのだ。

胎生期にある巨大惑星の近傍で、太陽の周りを巡っている地球大の天体は、非常に危険な状態にある。遅かれ早かれそれは、巨大惑星のごく間近へと迷走していくだろう。そうなれば、その天体は、巨大惑星の重力によって惑星系から星間宇宙の深みへと解き放たれることだろう。こうした現象は、四五億年前に地球が誕生した直後に、われわれの太陽系内で起こっていたに違いない。「つまり地球には、深遠な宇宙空間で完全に迷子になってしまっている兄弟(姉妹)分とも言うべき一〇個の惑星が存在していたのかもしれないということだ」とスティーブンソンは述べている。

ところが、スティーブンソンによれば、こうした天体の中にはいまだに存在している巨大惑星と衝突したり、太陽に呑み込まれたりしうるものもあるという。「問題にすべきなのは、行方不明になっている惑星の正確な数ではなく、それが現実に存在しうるという点なのだ」。スティーブンソンはそう述べている。

最近の研究によれば、近傍に存在する恒星一〇個のうちのほぼ一個には惑星系が存在しているという。議論の都合上、各惑星系が生み出される際には、地球大の惑星約一〇個が星間宇宙へと投げ出されるとしよう。すると、宇宙に存在する星間惑星の数は、恒星の数だけあるという計算になるだろう。「つまり、われわれの知っている天の川内だけでも、およそ二〇〇〇億個もの惑星が存在していることになるのだ。地球大の惑星の大半は、漆黒の闇に存在しているらしいのである」とスティーブンソンは述べている。

太陽光線に頼らないエネルギー

惑星系の形成期に地球大の質量を備えた天体が、「虚ろ」のような星間宇宙へと投げ出されるという発想は、取り立てて物議をかもすようなものではない。とはいえ、物議をかもしているのはそうした惑星に生命が宿っている可能性があるという発想だ。事実、スティーブンソンが自説を展開する前には、そうした可能性を夢想する者など誰もいなかったのである。ただし、それももっともなことだった。生命には、エネルギー源としての太陽が欠かせないからだ。

必ずしもそうとばかりは言えまい。

なるほど、大半の生命は太陽エネルギーなしでは存在しえないが(たとえば植物は光合成を通じて直接そのエネルギーを活用し、動物は植物や他の動物をえさにすることで間接的にそのエネルギーを得ている)、生物の中には、太陽エネルギーに頼らずに見事に生きぬいていくことができ、実際にそうしているものもある。たとえば、ここ数十年で生物学者はとてつもなく過酷な地球環境にすら生命が存在しているとの事実に困惑させられてきた。非常に奇妙な生物集団が発見されてきたが、その中には、深海の底に開いた火山孔付近の超高温海水を生息域とする一メートルを超える管棲虫《かんせいちゅう》のような生物がいる。同じく、地下数キロメートルに存在する堅固な岩の内部では、ぎりぎりの生活を送っているバクテリアが発見されてもいるのだ。

大方の期待に反して、生物は漆黒の闇の中でも生き抜くことができ、繁殖することすら可能なのである。太陽エネルギーの代わりにそうした生物は何らかのエネルギーに頼っているのだが、その大半は硫黄をベースにした化学物質に閉じ込められているエネルギーなのだ。深海の火山孔周辺で見られる生物は、海水に含まれるミネラルからエネルギーを取り込み、地殻深くに棲むバクテリアは、堅固な岩そのものからエネルギーを得ているのである。

現在、生物学者の間には、地球生物が実際には海底にあいた火山孔から進化の道を歩み始めたのではないかとの憶測が広がっている。確かに、惑星の形成過程で生じたかけらの名残が、機関銃の掃射さながらに降り注がれていた原始地球では、海床は比較的安全な場所だったのだろう。同じことは、地下岩石についても当てはまる。バクテリアは、ただ単に静かな生活を求めて地中深くへと這い降りていっただけのことなのかもしれない。地球内部には広大な「地底生命圏」が広がっており、その限界を定めるのは唯一、地球の最奥部に見られる超高温状態のみと考える者すらいるのだ。たぶん、地球内部に広がる生命圏は、地表をはじめ、海洋や大気といったおなじみの生命圏をものともしないような規模を備えているのだろう。

太陽光が降り注がない状況下で生き残ってきた生物が発見されたことで変わったのは、地球生命に対する生物学者の認識だけではなかった。この事実をきっかけとして、生物学者は太陽系の他の惑星にも新たなまなざしを向けるようになったのである。数十年前であれば、地球こそ生命の存在を許す好条件を備えた唯一の場所であるというのが大方の見方だった。ところが現在では、ごく単純な微生物であれば、凍結した火星表面下に存在する岩の内部の比較的暖かな環境で生き抜くことができるかもしれないという楽観的な発想がますます支持されるようになってきている。木星の巨大な衛星エウロパにある氷に閉ざされた太陽系最大の海で何が泳いでいるのかは、謎のままなのだ。太陽系のかなたを眺めやるとはっきりするのだが、ただ単に太陽光が存在していないというだけでは、星間宇宙を放浪している世界に生命が存在しないことにはならないのである。生命は、ほかのエネルギー源を活用しているのかもしれないからだ。ところがエネルギーは、生命にとっての唯一の前提条件ではない。前提条件としてはほかにも、暖かさが必要なのだ。

太陽光によらない暖かさ

暖かさは、水を凍結させないための必要条件だ。水は、生命活動を支えている化学反応が進行する媒体である。そして、知りうる限り、水は生命には不可欠の存在なのだ。地殻深くに存在するバクテリアですら、岩の裂け目に蓄えられたごく少量の水を「命綱」にしているのである。地球上では、水の凍結を防いでいる「暖かさ」の大半は、太陽熱に由来する。とすれば、太陽のない世界とは、水や生命にとっては極寒の環境と言えるだろう。「とはいえ、そうとばかりは言えない」とスティーブンソンは述べている。「太陽光以外にも、重要な熱源が存在するのだ」。

たとえば、木星の巨大衛星であるエウロパの場合を考えてみよう。太陽系外縁部に存在しているために、エウロパに届く太陽エネルギーは地球上に降り注がれるそれの二五分の一になっている。本来なら、エウロパの海は凍結してもよいはずである。ところがエウロパには、別の熱源が存在する。木星軌道をエウロパが巡る際に、この巨大惑星の重力がこの衛星を伸縮させることで、大洋の凍結を防ぐ熱が生まれるのだ。[63]さて今度は、地球内部に目を転じてみよう。そこは、荒々しく地球を生み出したビッグバンの火が消えうせてから四五億年後の現在でもなお、溶融状態にある。それを支えているのは、放射能だ。地球の岩石には主に、ウラニウム、トリウム、ポタシウムといった放射性元素が含まれている。こうした元素はゆっくりと崩壊していく過程で大量の熱エネルギーを放出していき、地球内部を糖蜜のような粘度の高い状態にしていくのである。

地球と同じく、岩と氷からできている星間惑星も、核深くで放射性元素が崩壊することで温められることになるだろう。放射能を帯びた岩石から放出されるエネルギーは、地球に降り注ぐ太陽光から放出されるエネルギーの一万分の一にすぎない。ところが、スティーブンソンによれば、問題の惑星に大きな違いを生じさせるには、これで十分なのだという。問題となるのはつまり、熱の放出ではなく、その獲得と維持なのだ。

熱を逃がさないこと

星間宇宙とは、極寒の空間である。それは、摂氏マイナス二六〇度の世界なのだ。星間惑星内部に見られる溶融状態とその過酷な外部環境との間には強烈な温度差が見られるため、熱は宇宙空間へと吐き出されていく。惑星表面を、水が液相のままにいられるほどの高温状態に保とうとすれば、惑星を丸ごと、熱放出率を激減させる「毛布」で包んでしまうしかないだろう。

地球には、そうした毛布が存在する。地球表面は、太陽光に温められているとはいえ、本来ならそうした暖かさの大半は、宇宙空間へと漏れ出てしまうはずだ。ところがそれを食い止めているのが、湿気、つまりは大気を覆っている水蒸気なのである。水蒸気とは、非常に効果的な「温室」ガスであり、逃げていこうとする熱を吸収し、取り込んでしまう。もし、地球大気に水蒸気が存在しなければ、地表の平均温度は約摂氏マイナス四〇度になってしまうだろう[64]。

水蒸気はひょっとしたら、地球凍結を実に見事に食い止めてくれているのかもしれない。ところが星間惑星の場合には、これとは別の秩序が必要となる。つまり、微弱な熱を逃がさないようにするには、地球に見られる温室効果をはるかに凌ぐ「毛布」が要るだろう。ところが意外にも、そうした毛布は存在しうるのだ。「実際それは、確かに存在するのだ」とスティーブンソンは言う。「ここで、助っ人として登場するのが、分子状水素である。これは惑星系が生み出す星雲を構成しているごくありふれた構成素だ」。

分子状水素は、どんな気体よりも軽い。地球が新たに形成された際、分子状水素は地球にしがみついていた。ところがこの気体は、太陽に温められることで直ちに大気圏の最上部へと上昇し、宇宙空間へと投げ出されることになった。スティーブンソンによれば、星間惑星を包んでいた「分子状水素のマント」の運命は、かなり違ったものになっていただろうという。凍てつくような星間宇宙では、この気体を追い払うだけの「暖かさ」は見られない。地球とは違い、星間惑星は分子状水素の分厚いマントに、しっかりしがみつくことだろう。

ここで「厚い（濃度が濃い）」というのは、重要な点だ。スティーブンソンによれば、大気圧力は地球上の一〇〇から一万倍になる可能性があるという。この場合、水素ガスの総重量は膨大なものになるだろう。実際、惑星表面の圧力は、いとも簡単に地球上で最も深い海底の圧力と同じになってしまうはずだ。

この高圧力は、とりわけ重要であることがわかっている。通常の圧力では、分子状水素は優れた温室ガスとはとても言えない。ところが、高圧力下であればどんな気体でも、熱の放射・吸収がはるかに高まるのである。星間惑星の大気に見られるような異常な圧力下では、分子状水素はさながらぶ厚い毛布のようになり、熱が宇宙空間へ漏れ去るのを見事に防ぐのだろう。この効果についてはスティーブンソンが計算を行ってきた。それによれば、星間惑星の大気最上部の温度は、摂氏マイナス二四〇度の極寒に相当するだろうという。また惑星表面の温度は、いとも簡単に、摂氏二〇〇度になりうるのだそうだ。「星間惑星は、凍てつくような星間宇宙で凍結することなく、陽光がさんさんと降り注ぐ晴れた日の地球と同じような暖かさを保っているのかもしれない」とスティーブンソンは述べている。

さらに、逆説めくのだが、星間惑星はそうした状態を非常に長期間保つことができる。これは、熱源である放射能が非常にゆっくりとしたかたちでしか崩壊していかないためだ。「温室効果が生じれば、星間惑星は少なくとも一〇〇億年は温暖な状態を保つことができるだろう。それは地球史の二倍にも相当する長い年月なのだ！」スティーブンソンは、そう述べている。

暗黒の中の生命

では、星間惑星の濃密な大気の下には、どんな世界が広がっているのだろう？　まずそれは、星の出ていない地球の夜よりも、はるかに深い闇が支配する世界だろう。もっとも、時折ひらめく稲妻や、溶岩の放つ鈍い輝きは別としてなのだが。摂氏二〇度では、水は自由を得、黒檀プールへ向かったり、様々な大陸の海岸にヒタヒタと打ち寄せたりすることができるだろう。「星間惑星に大洋が存在しているとすれば、その表面圧力と温度とは、地球に見られる大洋の底のそれに相当するだろう」と言うのは、スティーブンソンである。

ところが、とりわけ興味深いのは、星間惑星に生命が宿っている可能性があるという点だ。放射能を帯びた岩石から放射されるエネルギー量は、地球に降り注ぐ太陽エネルギーに比べれば、はるかに少量だとはいえ、原始微生物がそのエネルギーを活用できないはずはないとスティーブンソンは考えている。

惑星と生命を捜し求めて恒星に目を向けている天文学者は、一番有望な場所を見逃しているのかもしれない。「星間惑星はたぶん、個性的で息の長い安定した環境を生命に提供しているのかもしれない」とスティーブンソンは述べている。「銀河系に存在する生命の大半が暮らしているのは、暗い星間惑星であって、太陽光がさんさんと降り注ぐ地球のような世界ではないのだ」。

スティーブンソンは、星間宇宙に存在する生命が、ごく単純な微生物の段階をはるかに超えて進化しうるのかという問題には、まったく触れていない。結局のところ、どんなに複雑な生物であれ、深海に見られる海溝内のように暗く高圧力下の環境で（あるいはそれ以上の厳しい条件下で）生き延びていかねばならないのだろう。それはまず、確かなことだ。地球上で生物学者が発見しているように、生命にはどうやら人を驚愕させるだけの無限の能力が備わっているようなのだ。

銀河への前哨基地

ここに、ワクワクするような可能性がある。はるか先の話になるだろうが、「宇宙の孤児」ともいうべき惑星のおかげで、銀河系探査に拍車がかかる可能性があるというのだ。太陽の近傍では、恒星間の平均距離はとてつもなく膨大なために、現時点では一番近い恒星アルファ・ケンタウリを目指すとすれば、ここ一〇万年で最速の乗り物であるＮＡＳＡのボイジャー探査機のような宇宙船が必要となるだろう。とはいえ、そうした惑星の数が恒星と同じだけ存在しているなら、アルファ・ケンタウリや一番近い恒星の一つに向かうルートのほかに、近傍の恒星間を結ぶルートも開けてくるに違いない。南極大陸でスコット隊を支えた食料と燃料の山にも似て、そうした惑星は宇宙船にとっての理想的な燃料補給基地になりうるだろう。それはまさに、銀河への足がかりなのだ。

スティーブンソンによれば、まさにこの点こそが、現在彼が思索を深めているテーマなのだという。しかしスティーブンソンには強情なところがある。「私としては、惑星科学の世界を刺激して、現状よりいくらかでも広い視野に立った発想が生まれるように努力しているつもりなのだ。つまり、複数の可能性についてもっと考えていただきたいのである」。スティーブンソンはこう述べている。

スティーブンソンによれば、星間惑星を見つけ出すのは大問題になるだろうという。孤児さながらの惑星表面は、室温ほどになるだろうが、大気の最上部は摂氏マイナス二四〇度という超低温になるだろう。そうなれば、熱は宇宙空間へと漏れ出すことがなく、したがって地球上の望遠鏡では、その姿を捉えることがほぼ不可能になるはずだ。

とはいえ、そうした惑星を間接的に探り当てる可能性は残っている。星間惑星が、はるかかなたの恒星まで漂っていったとすれば、その重力は、恒星の光を短時間ながらも拡大するだろう。これが「重力レンズ効果」と呼ばれる現象なのだ。お目当ての惑星を探し出すには、無数に輝く恒星の光をモニターするのが一番だろう。うまくすれば、そうした恒星の一つが、にわかに強烈な光を放つ瞬間を捉えることができるかもしれないからだ。ところが、それは千載一遇の瞬間なのだろう。スティーブンソンはまた、星間惑星の探査には、膨大な時間と忍耐が不可欠なことを初めて悟った人物でもある。「宇宙に生命が存在しているというのは、驚くほど当然のことなのかもしれない。

ところが、それを見つけ出すのはとてつもなく難しいのだ」。スティーブンソンは、そう述べている。

＊　＊　＊

星間惑星を、宇宙生命のごくありふれた居住空間と考えるスティーブンソンが正しいとすれば、生命はいたるところでバラバラに発生することになるだろう。生命が銀河系でごくありふれた存在だとすれば、生命はゼロから繰り返し生まれてきたに違いない。生命がいとも簡単に始動するのだとすれば、こうしたシナリオには何一つ問題はないはずだ。ただ困ったことは、一九五〇年代以来無数の実験を重ねてきたにもかかわらず、無機物から生命を生み出すことに、ことごとく失敗しているという点なのだ。これは実に残念な話である。生命進化に適した場所というのは、どこにでもあるような環境なのだろうか？　一方、生命そのものは類まれな存在なのだろうか？　そうとも限らないと言うのが、フレッド・ホイル卿とチャンドラ・ウィクラマシンゲだ。この二人の天文学者の説が正しいのなら、生命とは宇宙に猛烈な勢いで止めどなく蔓延していく、おそるべき「疫病」と言えるのかもしれない。

地球生命の種子は、宇宙の深みから蒔かれたのだろうか？

無機物から生命を生み出す試みが、ことごとく失敗に終わったとしても、次のような問いを立てることは、科学的に見てまったく正当な手順のように思える。生命の起源は、物質そのものほど古くないのか？　生命の種子は、惑星間を運ばれることがなかったのか？　蒔かれた場所が肥沃な土壌であれば、種子はいたるところで成長したのだろうか？　こうした問いはすべて、正当なものなのだ。

ヘルマン・フォン・ヘルムホルツ（一八七四年）

生命。それはゲームの別名である。

ブルース・フォーサイス

第11話　蔓延する生命

太陽系第三惑星である地球には、これまで無数の彗星が衝突してきた。ところが、彗星は常に、溶岩湖に沈み込んでしまっていたために、その貴重な積荷は露と消えてきたのだった。ところが現在、地球誕生にまつわる炎は、遠い記憶になっている。地表は、その大半が凝固し、水はかつてそれが一瞬のうちに蒸気となってしまった場所に留まっている。地球に衝突した彗星が粉々になって初めて、その積荷は痕跡を残すことになる。キラキラと輝く黒い表面に、稲妻を映しているような浅い水溜りでは、何かが動き始めた。小さな化学工場は、その周囲にある原材料を所定の位置に並べ、辛抱強く自らを複製している。これこそ、地球上で一番初めに登場した微生物である。地球上に現存する生命はすべて、この原初の生命から誕生したのだ。

これが、約四〇億年前に地球生命が誕生した際のシナリオなのだろうか？　また生命は、地球に衝突した彗星に乗り合わせていたのだろうか？　そう確信する天文学者に、チャンドラ・ウィクラマシンゲがいる。

生命は地球外で誕生した。ウィクラマシンゲは当初からそう考えていたわけではなかった。それは、本人にとっても思いがけないことだったのである。実際、ウィクラマシンゲがこう考えるようになったのは、紆余曲折を経てのことだった。そもそも、彼が関心を抱いていたのは、ややありきたりの研究対象である宇宙塵だった。それは、より正確に言えば星間宇宙に存在する塵である。

一九二〇年代、天文学者たちは、恒星が放つ光はしかるべき光量に達していないという事実をつかんでいた。望遠鏡が様々な角度で差し向けられた天空では、恒星の光は、塵のせいでかすんで見える。それはさながら、夜空に掛けられたベールがチラチラと輝いているようなものだ。星間塵粒子は、おそろしく微細であることがわかっていた。通常それは、一ミリメートルの一〇〇〇分の一の大きさなのだが、それはほぼ典型的なバクテリアの大きさに相当する。(65) ここで、大問題が生じた。問題の粒子は、一体、何からできているのか？

それは当初、鉄でできていると考えられていた。というのも、地球に落下する隕石の中には、無垢の鉄でできているものがあったからだ。ところが、この解釈はやがて切り捨てられることになる。というのも、膨大な量の塵が宇宙に存在しているという事実を説明するには、星間宇宙内の鉄の量が少なすぎるという事が明らかになったからだ。もう一つの可能性として挙げられたのは、問題の塵粒子が、星間宇宙でごく普通に見られる水素原子、炭素原子、酸素原子、窒素原子が何らかのかたちで組み合わさったものとする発想だった。この中での最有力候補は、水氷(H_2O)だったが、一九六〇年代初頭には、この発想もまた切り捨てられていた。氷が星間ガスの超希薄な雲の中に蓄積されていく様や、氷が肉眼では捉えることのできない波長三・一マイクロメートルの赤外光を強烈に吸収してしまう様はいずれも、捉えることが困難だった。[66] 史上初の赤外望遠鏡が天空へと指し向けられた際にも、そうした吸収現象は観測されることがなかった。

ここで、ウィクラマシンゲの登場となる。一九六〇年にウィクラマシンゲは、故国スリランカからイギリスへとやって来た。当時最も影響力のあったイギリスの天文学者フレッド・ホイルの下で研究するためである。ケンブリッジ大学で博士号を取得しようと考えていたウィクラマシンゲは、神秘的な星間塵粒子が鉛筆の芯に使われている純粋な炭素である黒鉛からできているのではないかと考えていた。前途は有望のようだった。研究所で行われた黒鉛に関する新たな実験データを基にウィクラマシンゲが行った計算によれば、黒鉛が光におよぼす影響は、観測によって確認されている恒星のかげりを説明するにはまさにうってつけの現象だったのである。実際、黒鉛を用いた実験結果が実に説得力のあるものだったために、ウィクラマシンゲが一九六二年に博士号を取得してからの数年間は、問題は氷解したというのが、天文学者の間で見られた大方の見解だった。

ところが一九七〇年代初頭になると、その研究を台無しにするような事実が明らかになった。つまり、星間塵粒子が三・四マイクロメーターと一〇マイクロメーターの波長を持つ赤外光を吸収することが明らかにされたのだ。黒鉛は、そうした波長の光を吸収することはない。こうしてウィクラマシンゲは、やむなく研究を一からやり直さねばならなくなったのだ。

炭素には、黒鉛を生み出すという性質に加えて、その他の膨大な物質を生み出す能力が備わっている。これは、炭素に、他の原子と結合できるという独特の能力が備わっているからだ。炭素は、実に見事に他の原子と結合することで複雑な分子を生み出す。化学者は、化学を、炭素から作られている分子を扱う「有機」化学と、その他の分子を対象とする「無機」化学とに分けてきた。ウィクラマシンゲは、有機化合物のいくつかを吟味することにしたのだが、その際研究対象を、「有機ポリマー」に絞ることにした。有機ポリマーとは、ヒナギクの花づなが長くなったようなかたちをした分子で、その内部では炭素をベースにした一群の原子が反復して見られる。

当時、ウィクラマシンゲはすでに、カーディフにあるウェールズカレッジ大学へ移ってしまっていた。一九七四年に、この大学でウィクラマシンゲが得た実験結果は、非常に実りのあるものだった。実験対象となった最初の有機ポリマーは、神秘に満ちた星間粒子についての、最高の説明モデルであることが明らかになったからである。

当時、ホイルはパサディナにあるカリフォルニア工科大学にいた同僚のもとをたずねていた。ウィクラマシンゲはホイルに手紙をしたため、吉報を知らせたのだった。その際、ウィクラマシンゲは、手紙を次のような風変わりな文句で締めくくっていた。「生命の起源は、星間宇宙にあるのだと考えるべきなのでしょうか？」

ウィクラマシンゲの推論は、実に単純なものだった。実験からはっきりしていたことは、星間粒子が、生命を形作る基本的な「組み立てブロック」である複雑な有機分子からできているという点だった。ウィクラマシンゲが手紙をしたためた相手がホイル以外の人物であったなら、彼はもう少し用心深くなっていたのかもしれない。ところがホイルは、ウィクラマシンゲの突飛な発想に真剣に耳を傾けてくれそうな、唯一の人物だった。というのも、同世代の中で最も傑出した天文学者であったことに加え、ホイルがSFの執筆にも手を染めていたからである。実際、最も有名な小説『暗黒星雲』〔鈴木敬信訳、法政大学出版局、一九七四年〕でホイルは、知性を備えた星間水素の星雲が太陽系に到来する様を描き出していたからである。その星雲こそ、宇宙の深みから訪れた生命にほかならないのである。

数週間というもの、ウィクラマシンゲには返事は届かなかった。ところがとうとう、南カリフォルニアから返事が来たのである。手紙の中でホイルは、生命が宇宙からやって来たという発想に対する、およそ考えられうる反論のすべてを列挙していた。

ところがホイルは、ためらいがちなウィクラマシンゲの背中を押して、自説を研究するようにと励ましたのだ。そして両者は、一九七七年と一九七八年に、国際的な科学雑誌である『ネイチャー』に一連の論文を提出した。その論文の中で問題にされていた発想とは、非生物から生物へいたる第一歩が、地球上ではなく星間宇宙で踏み出されたというものだった。その詳細は、まだはっきりしていなかったが、二人の天文学者が打ち出していたのは、「前生命現象」だった。それは、従来の生命現象に先立って宇宙に見られた生命現象を指していた。この現象がなければ、地球生命など誕生しえなかったというわけである。

非常に刺激的な内容であったにもかかわらず、『ネイチャー』に掲載された問題の論文が、完全に無視されてしまったことは驚くには当たらない。「われわれが、銀河規模での生命現象までをも

第11話　蔓延する生命

問題にしようとすると、科学界はにわかに一致団結して、更なる論文発表を差し止めるよう圧力をかけてきた」とウィクラマシンゲは述べている。

ウィクラマシンゲにある発想がひらめいたのは、こうした一件があった直後のことだった。ウィクラマシンゲには、有機ポリマーの光吸収特性を、たっぷり時間をかけて分析することができた。このまま実験を続けていればそのうちに、星間塵によく似た物質を見つけ出すことができるかもしれないと期待してのことである。もちろん、近道を選ぶこともできた。つまり、バクテリアを使った実験も可能だったのだ。バクテリアとは、多種多様な有機ポリマーがぎっしり詰まった小さな生化学工場だ。バクテリアの干からびてうつろになった死骸に光を当てることで、ウィクラマシンゲは多数の有機ポリマーを同時に分析することができたのである。

一九七八年には、ウィクラマシンゲとイラク人研究生シルワン・アルームフティが実験を行った。その結果は実に見事なものだった。光におよぼされる効果は、星間粒子におよぼされる効果に酷似していたのである。おまけに、問題の実験からは、ある予測が生まれたのだった。実験結果によれば、乾燥したバクテリアも同じく二マイクロメーターから四マイクロメーターの波長の赤外線を、独特の方法で吸収していたのである。ここには、バクテリアの際立った特徴が現れていたのだ。

それは、問題の発想の「生死」を決めてしまうような実験だった。この実験に欠かせなかったのは、宇宙空間に見られる赤外線が発する明るいビーコンだった。ビーコンがはるかかなたにある場合には、地球へと向かうその光は非常に長い星間塵の帯の間をすり抜けていくことだろう。ホイル

243

は、GC-IRS7と呼ばれる完璧なビーコンの存在を知っていた。それは、天の川銀河のまさに中枢部から輝き出ていた赤外線の強力な源泉だった。二人の天文学者がしなければならなかったのは、巨大な望遠鏡をその銀河へと差し向け、波長が二から四マイクロメーターの赤外線が吸収されている証拠を探し当てることだったのだ。

天の川の中心は、南半球でしか見えない。幸いなことに、ウィクラマシンゲの兄弟のダヤルは、オーストラリア在住の天文学者だった。ダヤルはニューサウスウェールズにある巨大なアングロ-オーストラリア望遠鏡の観測必要時間を振り分けてもらおうとしたが、誰もプロジェクトの主旨を真に受けず、その申し出は却下されてしまった。ところが、である。ダヤルがたまたまアングロ-オーストラリア望遠鏡の観測必要時間を、別のプロジェクトにまるまる割けることになったのだ。当初計画されていた観測の合間を縫ってダヤルは、どうにか「GC-IRS7の観測」をスケジュールに割り込ませ、問題の赤外線スペクトルを観測して、その結果をイギリスにいるウィクラマシンゲのもとへファックスで伝えたのだった。(67)

ファックス機から出てきた赤外線スペクトルのデータを目にしたウィクラマシンゲとホイルは、度肝を抜かれてしまった。じっくりそのデータを見てみると、それがウィクラマシンゲが実験で確認していたのとまったく同じ結果であることがわかったのだ。つまり、それこそがまさに、地球外にも生命現象が見られることの証だったのである！

もちろん、宇宙空間を漂う粒子がバクテリア以外の何かである可能性も常に存在していた。ウィクラマシンゲとホイルにしても、その可能性を認めてはいた。とはいえ、問題の粒子がバクテリア以外のものであったとしても、それらはバクテリアと同じ大きさでなければならないのはもちろん、バクテリア同様に、恒星の放つ光を吸収していなければならなかった。両者の主張によれば、一番簡単な解決策は、それがどんなに常識はずれに見えようとも、バクテリア説を取ることだったという。

皮肉だったのは、長年にわたって天文学者が星間粒子の大きさをバクテリアのそれになぞらえていたという点だった。それは、ただ単に比較対照するには重宝な大きさだったからだ。天文学者は、大きさにそれ以上の意味を持たせてはいなかった。実際、研究を始めた当初は、ウィクラマシンゲやホイルにしても同じだったのである。ところが両者はこの時点で、これが単なる偶然の一致ではないと主張するようになっていた。星間粒子がバクテリアと同じ大きさなのは、それらがまさに、バクテリアそのものだからだというわけである。

星間宇宙とは、微生物の壮大な墓場だったのだ。

この二人の天文学者たちが、科学者の集会や学会で、その観測結果を公表したことから確信したのは、確固たる証拠があれば誰もがその重みに圧倒されてしまうという事実だった。「とはいえ、行く先々でわれわれは、不愉快なあつかいを受けたのだった。誰もが驚嘆し、ショックのあまり物が言えない状態になったからである」とウィクラマシンゲは述べている。

当時を振り返ってウィクラマシンゲが認めているところでは、二人はひどくナイーブだったのだという。懐疑派を納得させるには、さらに多くの証拠を積み重ねていく必要があったのだ。ウィクラマシンゲとホイルはこうして、荒唐無稽な発想を具体的なかたちに仕上げようと試みることになった。

にわかに明らかになったのは、星間宇宙がバクテリアの墓場だとすれば、とてつもない量のバクテリアがそこに存在していなければならないという点だった。星間塵粒子を持ち出せば、星間宇宙に存在する全炭素の、少なくとも三分の一には納得のいく説明がつくことがわかっていた。こう考えれば、銀河系に存在する星間塵粒子の総質量は、太陽のそれのおよそ一〇〇〇万倍に相当することになる。ウィクラマシンゲとホイルはこうして、天の川の質量の一万分の一がバクテリアの死骸だと主張することになる。

それほど膨大なバクテリアを生み出すというのは、実際、大変な問題だろう。ところが、おおむね、問題は何も生じないのだ。それはバクテリアに、おどろくべき複製能力が見られるからである。通常、バクテリアの複製は二、三時間もあれば済んでしまう。この複製速度で、四日も経てば、一個のバクテリアは一〇の一二乗個の子孫を生み出すことができるのだ。これは、角砂糖一個分の容積に相当する。さらにその四日後には、それらは村などでよく見かけるような池を満たすほどの個体数にまで増え、さらにまたその四日後には、太平洋を満たしてしまうまでに増殖していく。こうして、わずか二週間足らずのうちに、バクテリア一個は天の川全体の質量に相当する個体数にまで増殖することになるのだ。

もちろん、バクテリアがそれほど強烈な速度で増殖できるのは、豊富な養分に事欠かない場合のみである。新たなバクテリアを複製するには、化学的な組み立てブロックを必要とするが、それはちょうど新しい家を建てる場合には、レンガと漆喰が欠かせないのと同じだ。ここで、大問題になったのは、銀河のどこにそうした「組み立てブロック」の供給源が存在しているのかということだった。言い換えれば、無数の星間バクテリアは一体どこからやって来たのかということだったのである。ウィクラマシンゲとホイルは、その可能性がある場所は唯一、彗星と考えていたようだ。

彗星との関連性

彗星とは、通常約五から一〇キロメートルにおよぶ塵状の雪球である。それらは四五億年前に太陽と惑星が形成された際の名残なのだ。太陽系には、そうした彗星がおよそ一〇〇〇億個も存在していると考えられている。それらは、太陽系の一番外側にある冥王星のかなたに広がる広大な彗星雲の中で、姿を見せずにひっそりと太陽の周囲を巡っている。「オールト雲」と呼ばれるこの雲は、あまりに巨大なために、一番近い恒星にまで達してしまうのだ。

銀河系に存在する二〇〇〇億個の恒星のうち、すべてとは言わないまでもその大半が、それぞれの彗星雲を備えていると考えられている。それぞれの彗星雲の質量が、オールト雲のそれに近い(それはおよそ天王星や海王星のような中規模の惑星のそれに等しい)と考えれば、天の川に存在する彗星の総質量を見積もることができる。その総質量は、およそ太陽質量の一〇〇〇万倍なのだ。ウィクラマシンゲの指摘によれば、これは星間宇宙内に存在するバクテリアの遺骸の質量にほぼ匹敵するという。

ほかの可能性がないとすれば、こうした質量に見られる偶然の一致には、星間宇宙をバクテリアで満たすほど大量の物質が彗星に存在しているということが示されていることになる。彗星が、そうした物質の源であることはまず確かなのだ。バクテリアと彗星との間に関連性があることを証明するために、ウィクラマシンゲとホイルは、このほかにも数多くの証拠を示している。その一つは、彗星にはそもそも、バクテリア大の粒子を星間宇宙へと放出するメカニズムが備わっているとするものだ。

彗星の大多数が、熱源である太陽からはるかに離れた凍てつく宇宙を巡ってその生涯を終えている。ところが時折、おそらくは近傍を通過する恒星の重力や、ほかの彗星との衝突によって、はじき出されてしまう彗星がある。詳細はどうあれ、その結果彗星は太陽へ向けて落下し始める。速度を増していった彗星は、ついには惑星をものすごい勢いで通り越し、太陽系内縁部へと進入していく。そこでは、太陽の熱によって、彗星表面にこびりついていた氷と宇宙塵とが蒸発してしまう。太陽の周囲を巡る前に彗星は、数百万マイルにもおよぶ放出された破片からなる尾を引いていくが、それが太陽光を反射し、壮大な輝きを放つのだ。ちなみにこうした彗星は、もともとは光を放つこともなく、目立った動きを示すこともなかったため、超高精度の望遠鏡ですら、その姿を捉えることのできないかすかな存在だったのだ。

　こうした彗星は通常、一日当たり一〇〇万トンのかけらを星間宇宙へと放出している。ところが、問題のかけらは、必ずしも星間宇宙に留まるとは限らない。その理由は太陽光にある。太陽光とは、惑星を吹き抜ける永遠の風のような存在だ。あまりに微弱なために、大規模な天体に影響をおよぼすことはないとはいえ、太陽光は、小規模の物体であれば太陽系から一掃してしまうのである。では、その一掃されてしまう小規模物体とは、どの程度のものなのか？　バクテリア大の粒子とは、なるほどかなり微小な存在だ。したがって、彗星から吐き出された粒子はどれも、あっという間に星間宇宙の深みへと吹き飛ばされてしまうのである。

　研究に手を染め始めたころのウィクラマシンゲとホイルは、彗星がバクテリア状の粒子を放出しているという確固たる証拠をつかんではいなかった。ところが一九八六年に、無人宇宙探査機が、七六年ぶりに太陽系内縁部に戻ってきたハレー彗星の凍った「中心核」の近傍を通過した。この宇宙探査機に搭載されていた観測装置が明らかにしたところでは、この彗星の核を蒸発させてしまう粒子は、星間塵粒子とまったく同じ大きさである上に、それとまったく同じ方法で光を吸収していたのだ。

　ところが、一九七〇年代半ばになると、バクテリア大の粒子が彗星から星間宇宙の深みへと放出されるメカニズムは十分に解明されたという確信を、ウィクラマシンゲとホイルは抱くようになっていた。実際、彼らにとってこの点は、問題の要ともいうべきものだったのだ。両者が考えていたように、バクテリアが彗星に蔓延しているのであれば、数十億年にもおよぶ銀河系の歴史の中で、膨大な数のバクテリアが星間宇宙に存在する空虚な空間へと放り出されてきたというのも当然だっただろう。

ではなぜバクテリアは、彗星に蔓延することになったのだろう？　そもそもバクテリアは、どうやってこの凍った天体を目指すことになったのか？　ウィクラマシンゲとホイルによれば、その謎を解く鍵は、恒星の誕生プロセスにあるという。

従来の宇宙論では、星間ガスと星間塵からなる雲は、それ自体の重力によって収縮し始めるとされている。確かにそうした収縮は、「超新星」と呼ばれる近傍で爆発する恒星から生じる一陣の爆風波《ブラスト・ウェーブ》が引き金となって起きる。とはいえ、引き金が何であるにせよ、雲はますます収縮速度を増していき、その過程で密度と温度とを上昇させていく。崩壊プロセスの後半では、巨大な天体は濃縮を見せ始め、その結果彗星をはじめ、惑星や中心星が誕生するのだ。

次に問題となるのが、彗星にバクテリアが入り込む方法である。ウィクラマシンゲとホイルが考えているように、バクテリアが星間雲に存在しているとすれば、当然それらは星間雲が凝縮することで誕生したすべての天体に含まれていることだろう。とはいえ、恒星や惑星に同化されたバクテリアはいずれも、誕生の際に見られた強烈な熱によって、あっという間に蒸発してしまうはずだ。とすれば、バクテリアが生き残るのは、比較的温和な彗星の環境だけということになるだろう。

では、そもそもバクテリアが死滅している場合、それらが生き残ることに何の意味があるのだろうか？　ウィクラマシンゲとホイルの見るところでは、星間宇宙とは、微生物の墓場なのだ。バクテリアが増殖しうる唯一の方法とは、ごく少数のバクテリアが生き残ることで、かつては彗星内部に存在していたバクテリアが、墓場からラザロのようによみがえることができるようになるというものだ。

そんなことは、無理な注文だろう。というのも、星間宇宙ほど過酷で情け容赦ない環境はないからである。バクテリアは真空状態や想像を絶するような寒さ、そして強烈な宇宙放射線を、数百万年、いやたぶん数十億年にわたって生き延びねばなるまい[68]。ところが、ウィクラマシンゲとホイルは、「極限環境微生物」の名で知られる地球上の微生物に備わった驚くべき能力について指摘している。そうした微生物は、脱水状態をはじめ氷点下一〇〇度以下の超低温環境や、強烈な放射線をものともせずに生き残ることができるのだ。実際、「デイノコックス・ラディオデュランス」と呼ばれる種は、原子炉の中心部ですら生き延びることができ、DNAに広範に見られる損傷すら修復することで、通常の複製能力を回復してしまうのだ。バクテリアはこうして、数十億年にもわたって背景放射が著しく低い星間宇宙で生き延びることができたのである。

バクテリアには、驚異的な増殖能力があることからみても、星間バクテリアのごく一部が生き延びている可能性は十分にあると言えよう。ウィクラマシンゲとホイルによれば、たとえば一〇の一四乗個分の一という超微小なバクテリア集団ですら、彗星一個の質量のかなりの部分を、わずか数日のうちに微生物へと変えてしまうには十分だろうという。ただし、それには液体相の水と、生命の分子ブロックである有機分子が、ふんだんに存在しているという前提条件が要るのだが。

一九七〇年代初頭当時、有機分子が彗星に存在するなどと言い出すのは、向こう見ずな行為だった。彗星には、水やメタンやアンモニアといった、ごく単純な化合物からなる氷が存在することが知られていたが、それ以上のことは何もわかっていなかったからだ。ところが一九八〇年代までには、電波望遠鏡によって、星間宇宙内にそうした化合物よりはるかに複雑な有機分子の痕跡が見られることが突き止められていた。そこで、それらが氷山の一角に過ぎず、宇宙空間にはさらに複雑な分子、おそらくはDNAの組み立てブロックであるアミノ酸までもが存在しているのではないかと疑われるようになったのだ。[69]

こうしたことすべてが彗星に関係していたということは、宇宙で探り当てられた複雑な有機分子が、彗星が星間ガス雲から凝結した際にそこに間違いなく取り込まれただろうということを意味していた。もっともそれは、間接的な証拠にすぎなかったのだ。ところが、一九八六年にハレー彗星が太陽系内縁部に侵入した際に、彗星内に有機分子が存在することを裏づけるはっきりとした証拠が発見されたのだった。ヨーロッパの宇宙探査機ジョットーと、ロシアの宇宙探査機ベガがピーナッツのような形をした彗星の核に接近したためである。探査の結果、ハレー彗星の表面が真っ黒であることがわかったが、それは、彗星表面が有機物質に覆われていると考えれば当然のことだった。ウィクラマシンゲとホイルは、この点を予測していた。彗星を「汚れた雪球」と考える発想に賛同しながらも、ほとんどの研究者は彗星の核が白く光輝いているものと予想していたのだ。

有機分子が彗星に取り込まれていった話についてはこれくらいにしておこう。では、液体相の水についてはどうだろうか？　ヒトをはじめとする生物同様、バクテリアの場合も、その構成要素のほとんどは水である。そして水は、生命を構成する化学物質が自由に動き回り、互いに反応し合うような、宇宙に広く存在する「溶媒」である。水がなければ、少なくともおなじみのDNAを基盤とする生命は、存在しえないだろう。

ここで、ウィクラマシンゲとホイルの発想には、致命的な欠陥があるように思えてくるはずだ。実際、宇宙で異常な輝きを見せている恒星にすぎない太陽を伴ったはるかかなたのオールト雲の温度は、通常摂氏マイナス二〇〇度以下である。この環境では、彗星は完全に凍結しているはずだ。ということは明らかに、そこには液体相の水など存在しているはずがないのである。

ところが、ウィクラマシンゲとホイルは、オールト雲内の環境条件は常に過酷だったわけではないと主張している。初期太陽系では、彗星は温暖な環境にあったらしいのだ。その熱源は「放射能」だったが、それはとりわけアルミニウム-26の名で知られている特殊なタイプのアルミニウムが放射する放射能だった。

アルミニウム-26は、超新星爆発によって生じた火の玉内で生み出される。超新星は、恒星の誕生と密接な関わりがあると考えられている。というのも、超新星爆発によって生じた爆風《ブラスト・ウェーブ》波が、実際にガス雲崩壊の引き金となって恒星を形成するか、ほかの恒星のいくつかが誕生する前に、「星の生育環境」に存在している恒星のいくつか(最大質量星)が、その一生を大急ぎで駆け抜けて超新星になるからである。いずれにせよ、超新星がアルミニウム-26を、恒星をはじめ、惑星や彗星を凝結させる原材料につぎ込んでいるのだ。実際、同じ現象が太陽と惑星を生み出した雲に生じていたことがわかっている。それを裏づける証拠は、アルミニウム-26の「壊変生成物」から見つかっている。地質学者は実際、この壊変生成物を太陽系誕生の名残ともいうべき隕石内に見出しているのである。

要は、彗星が誕生時にすでにアルミニウム-26を備えていたということなのだ。ところが、アルミニウム-26は、不安定な放射性物質である。時間の経過とともに、その原子は崩壊していく。この放射性崩壊の過程では、大量の「核エネルギー」が放出される。ウィクラマシンゲとホイルによれば、その膨大な核エネルギーによって、彗星内部が溶解するのはもちろん、その状態が数百万年にわたって続くことになるのだという。

この二人の天文学者によれば、新たに誕生した彗星には、硬い外殻と、液状の中心部とが備わっており、それはさながら、巨大なリキュール入りチョコレートのようだという。凍てつく地表の下(たぶん、地下数百メートルないしは、わずか数十メートル)には、巨大な地下スイミング・プールが存在しているのだ。このスイミング・プール内の環境は、少数の星間バクテリアが爆発的な複製に乗り出すための理想的な条件と言えよう。

ところが、オールト雲内での「夏」は、短かったはずだ。アルミニウム-26の半減期は七四万年だ。これは、七四万年後も、その半分が崩壊せずに、そのままの状態で残っており、さらにその七四万年後には、元の四分の一が残るということである。貴重な熱源が消え失せていくにつれ、彗星内部の液体は、数百万年にもおよぶ形成期の「冬」に突入してしまったのだろう。

彗星が凍結したことで、温暖な環境で異常増殖を見せていたバクテリアは、死滅することになったのかもしれない。水は凍ると膨張するが、その際、細胞膜が破裂することで、バクテリアが死滅する可能性がある。細胞膜とは化学物質の入った「袋」なのだ。ところがウィクラマシンゲによれば、こうした現象が起きるのは唯一、彗星の凍結が突然起こった場合に限るのだという。彗星の熱源は、ゆっくりとしか衰えていかないために、凍結も非常にゆっくりとしか起こらないのだろう。水が、バクテリアから「拡散していく」時間は十分あるはずだ。そうなれば、水が最終的に凍結した場合、細胞膜を破壊するような氷は、バクテリア内部には残らないだろう。ウィクラマシンゲとホイルはここから、バクテリアの中には生きながらえるものもあるのだと主張しているのだ。

この点は明らかに、ウィクラマシンゲとホイルの発想には不可欠なのだ。星間バクテリアの種子が彗星に蒔かれているとすれば、そうしたバクテリアの中には、再び活動を始めるものもあるに違いない。またその中には、生き延びるものも出てくるため、彗星を介して星間宇宙へと広がったバクテリアのいくつかは、活動を再開するはずだ。

だが、彗星内部のバクテリアが彗星凍結後ですら生き延びているのだとすれば、別の問題も生じてくる。それは、最大の謎の一つとも言うべき「地球生命の起源」にまつわる問題にほかならない。

地球生命

地球生命の起源は、深い謎に包まれている。というのも、地球生命があっという間に進化の道を歩み出したように見えるからである。誕生後、数億年間の地球は灼熱の半溶融状態にあり、生命が存在できるような温和な環境にはなかった。地表にたまった液体相の水が、瞬時に蒸発してしまわないほど地球が冷却したのは、およそ三八億五〇〇〇万年前のことだった。そしてまさにこの瞬間に(最初の瞬間)、生命が地球上に初めて姿を現したらしいのだ。(70)

以上からはっきり言えることは、生命進化がすんなりと始まったに違いないということだ。そして、ここにこそ謎が潜んでいるのである。科学者はこれまで、多大な労力を払って原始地球に見られたと思われる環境条件を再現してきた。一九五〇年代から行われてきた無数の実験では、化学物質から成る「原始スープ」が繰り返し再現された。この原始スープには、原始地球に見られたと思われる稲妻の代わりに放電が加えられた。ところがその努力もむなしく、非生命から生命を生み出すことはできなかった。

では、原始地球の環境が生命活動には申し分のないものだったとした場合でも、実際には、生命がそうやすやすと誕生したはずがないと考えてしまうのはなぜなのか? それは、「原始スープ」に含まれていた重要な要素を見落としているからである。つまり、ここで問題にされているのは、三八憶五〇〇〇万年前の地球環境だけなのだ。これに対してウィクラマシンゲとホイルは、「生命の誕生」が実験では再現できない理由に過激な説明を加えている。つまり、非生命から生命を生み出すなど、至難の技だというのである。

だが、「生命の誕生」がそれほど稀な現象だとすれば、生命が地球にあっという間に広がっていったのはどうしてなのか？　誰の目にも明らかなこの矛盾を解決する方法が、たった一つだけあると、ウィクラマシンゲとホイルは述べている。つまり、非生命から生命への跳躍は、どこか地球外で行われたに違いないというわけだ。彼らの主張によれば、地球にはそもそも「生命の大本」など存在していなかった。それは宇宙から、種子というかたちで飛来したというのである。

ウィクラマシンゲとホイルによれば、生命が地球で一気に進化を遂げたのは、お膳立ての整った地球にやって来たからだという。四六億年前に地球が誕生した瞬間から、生命は宇宙から地球表面へ向けて、雨のように降り注がれたというわけだ。どれほどの数の彗星が飛来し、そこに含まれていた微生物が、何度絶滅したのだろうか？　だが、とうとう、およそ三八憶五〇〇〇万年前に、地球が十分冷却され、環境条件がしかるべき状態になると、生命の種子は肥沃な大地へと蒔かれることになった。

三八憶五〇〇〇万年前に複数の彗星が地球に衝突していたという証拠は、かつては地球と同じように、彗星衝突の矢面に立たされていた月のような天体表面にも認めることができる。広大な月の「海」の歴史は、三八憶五〇〇〇万年前にまでさかのぼることができる。当時月面には、彗星や小惑星が次から次へと衝突していた。地球に衝突した彗星は、水と有機物質をもたらすことになった。だがウィクラマシンゲとホイルの主張によれば、それと同時に、それよりはるかに重要な荷である「生命」がもたらされたのだ。

この仮説が正しいとすれば、原始地球に存在した人類の祖先は、恒星からやって来たことになる。人類は、一人残らず地球外生命なのだ。

生命の種子が宇宙から蒔かれたという発想は、決して目新しいものではない。そうした発想はどうやら、紀元前三世紀を生きたサモスのアリスタルコスに端を発するようだ。ところが一九世紀になると、その発想は当時を代表する、大物理学者ウィリアム・トムソン(イギリス)と、ヘルマン・フォン・ヘルムホルツ(ドイツ)に支持されることになった。トムソンとヘルムホルツの主張によれば、生命の種子が恒星から恒星へと広がっていったというのである。この「パンスペルミア」説は、二〇世紀初めにスウェーデンの化学者でノーベル賞受賞者のスヴァンテ・アーレニウスの研究が登場するまでは、根拠のない空論にすぎなかった。

バクテリアの胞子と植物の種子とが、星間宇宙に見られるとされている条件を生き抜くことができるかどうかを確かめるために、発想の一部を具体的に検証したのが、まさにアーレニウスだった。アーレニウスは植物学者に頼んで、バクテリアの胞子と植物の種子を、真空状態に近い摂氏マイナス一九六度のような低温状態にさらすことにした。摂氏マイナス一九六度とは、液体窒素の沸点である。とてつもなく手間はかかるものの、もう一度手を加えてやりさえすれば、そうした胞子や種子は「蘇った」のだ。現在では、バクテリアは同じく、星間宇宙に存在する強烈な紫外線や、宇宙放射線をものともせずに生き延びることができるという事がわかっている。アーレニウスが初めて気づいたように、バクテリアにはとても「この世のものとは思えない」特性が備わっているのだ。

ここから、ある謎が生じてくる。というのはチャールズ・ダーウィンが唱えた自然選択に基づく進化論によれば、生物の特性とは、それがさらされてきた地球環境での生き残りを保証するものとされているからだ。ではなぜバクテリアは、これまで一度も経験したことのない「星間宇宙」という環境を生き抜くための特性を備えているのだろうか？　ごく普通に言えば、それは偶然にすぎないということになろう。バクテリアは、宇宙環境を生き抜くように選ばれてきたわけではなく、宇宙環境に適した特性は、他の有利な特性から偶然生み落とされた副産物だというわけである。ウィクラマシンゲとホイルは、この発想を受け入れてはいない。バクテリアに、宇宙空間で生き残るために必要な特性が備わっている理由は、それらがそもそも、宇宙から飛来したからだというわけだ。「私は、草の葉の一枚一枚が、星の労作にほかならないと信じている」と綴っていたのは、ウォルト・ホイットマンだった（M・チャウン『僕らは星のかけら』糸川洋訳、無名舎、二〇〇〇年を参照のこと）。ひょっとしたらこんな発想をするホイットマンは、彼自身が想像していた以上に、正論を説いていたのかもしれない。

「パンスペルミア」説という、昔ながらの発想を焼き直したウィクラマシンゲとホイルの研究がもたらした結果の一つは、非常にめざましいものだった。バクテリアが、太古の昔に宇宙からもたらされたものだとすれば、現在でもそれらは地球に降り注がれているはずだ。彗星は今なお、年に数十個の割合でオールト雲から太陽系内縁部へと侵入し続けている。地球はここ数年、彗星の衝突を免れてきたのかもしれない。このこと自体は非常にありがたい話と言えるかもしれないが、彗星衝突は必ずしも、生命の種子が地球に降り注ぐための必須要因ではないらしい。実際、地球に生命の種子を植え付けることになった要因は、ほかにもあるというのだ。

ここで、塵が太陽熱によって彗星から追い立てられているという事実を思い出しておこう。塵の中には、太陽光の圧力によって星間宇宙へと吹き飛ばされているものもある。だがその中には、一時的ではあるが、太陽系内縁部をうろついているものもある。地球は太陽の周りを巡っているため、この物質を掻き分けて進まざるをえない。事実、地球は一日あたり数百トンもの惑星間塵を掃き出しているのだ。ウィクラマシンゲとホイルが考えていたように、こうした塵の多くにバクテリアが潜んでいるとすれば、微生物はまさに大気中を漂っていることになるだろう。両者の言うパンスペルミア現象は、今なお、ごく身近な場所で進行中なのだ。それは、空間と時間いずれの点でも、荒唐無稽な現象ではないのである。

では、それがおよぼす影響とはどんなものだろう？　ウィクラマシンゲとホイルは、少なくともその一つについては、考慮してもいるようだ。その影響はひょっとしたら、バクリテリア性の疾病が蔓延するというかたちで現れるのかもしれない。新たに飛来したバクテリアの中には、感染要因になりうるものもあるだろう。こう考えれば、ある疾病が地球上で同時多発的に生じる謎が解き明かされるのかもしれない。実際、この奇妙な現象は高速航空輸送の時代である今日ですら、解明することが難しいか不可能なのだという。「ところが、病原体が宇宙から飛来すると考えれば容易に説明がつくはずだ」とウィクラマシンゲは言うのである。

何らかの疾病が宇宙から飛来したという発想は、控えめにいっても、ひどく物議をかもすものである。それは、驚くには当たらない話なのだ。生物学者の領分を荒らすだけでは飽き足らなかったウィクラマシンゲとホイルは、同じように、医者と疫学者の領分にまでも、あえて足を踏み入れようとしたのである。

星間バクテリアが宇宙から飛来しているとすれば、それがおよぼす影響は、ほかにもまだあるはずだ。地球だけではなく、太陽系に存在する全天体は、同じような「バクテリアの雨」にさらされているに違いないのである。現在、原始的な生命が火星や木星の衛星エウロパの氷下に広がる巨大な海に存在しているかどうかに強烈な関心が寄せられている。ウィクラマシンゲとホイルの説が正しいとすれば、「宇宙生物学者」は、さぞかし意を強くすることだろう。「たとえば、太陽系内の生命に適した環境であればどんな場所でも、生命が見つかる可能性があるだろう」とウィクラマシンゲは言う。「ついでに言えば、そうした生命はどれも、われわれ同様にＤＮＡを基に生み出されたものなのかもしれない」。

こんな思索なら、いくらでも深めることができるだろう。ウィクラマシンゲとホイルの発想から言えることは、生命にかなった環境であれば、銀河のどんな場所であれ、生命が存在しているはずだということだ。天の川をはさんで存在している生命同士は、深いレベルで結ばれているのかもしれない。少なくとも、微生物の場合にはその可能性があるようだ。

生命の大いなる宇宙周期

ところが、ウィクラマシンゲとホイルによれば、惑星に生命の種子が蒔かれるという現象は、はるかに大きな宇宙周期の一部にすぎないのだという。これは、バクテリアが彗星から星間宇宙へと移動し、やがてはまたもとの彗星へと戻って来る周期である。バクテリアのそうした動きを再現すれば、次のようになるだろう。

惑星や彗星と同じく、恒星も星間ガスや星間塵の雲が凝集することで生じる。彗星は星間雲からやって来たバクテリアを取り込んでいるが、そのうちのいくつかは、死滅していない。生き残ったバクテリアは、彗星内部で増殖を繰り返している。彗星が、太陽へ向けて落下し、熱がその表面を覆っていた氷を蒸発させると、バクテリアは自由の身となる。中には惑星表面へと向かうものもあるが、大多数のバクテリアは光の圧力に突き動かされて星間宇宙へと駆られてしまう。こうして、恒星をはじめ、惑星や彗星が星間ガスや星間塵の雲が凝集することで、新たに誕生するのである。そして、こうした周期はその後も繰り返されていくのだ。「試算によれば、全周期に要する時間は、約三〇億年である。つまり、彗星から掃き出されたバクテリアが、新たな彗星に取り込まれるまでには、三〇億年を要するというわけだ。こうして、新たな惑星系が誕生するのである」。

こうした発想のどこが美しいのかといえば、それは銀河系で生命が誕生するのはたった一回でよいという点だ。生命の誕生を巡っては、すでに「あるメカニズム」が存在しており、それによって現象が増幅・拡張されて、ついには、惑星系までをも巻き込むようになっていく。こうして、これまで明らかに対立していたもの同士が、見事に調和していくのである。つまり、生命は誕生するのが奇跡に近いと同時に、広大無辺な宇宙に遍く存在することもできるのだ。

生命が唯一地球上にだけ誕生したと考える場合、非生命から生命への移り行きが銀河系のあらゆる場所で繰り返し見られるに違いないという発想をも受け入れておかねばならないだろう。そうした移り行きが難しく、それがありとあらゆる偶然に支えられる必要があるのだとすれば、まったく同じ偶然が何度となく生じなければならないはずだ。そうした偶然が繰り返し起こらないとすれば、その時初めて、生命が唯一存在するのは、地球だけと言えるのだろう。

一番の問題が何かは、はっきりしている。それは、「生命の宇宙周期がどのように始まったのか？」ということだ。そもそもバクテリアは、どこからやって来たのか？　この点については、ウィクラマシンゲとホイルも、まだ不明であると、率直に認めている。とはいえ、ホイルはこの難問をものともしていない。宇宙は、一二〇億年から一四〇億年前に生じたビッグバンによって誕生したとかたくなに信じている大多数の天文学者とは異なり、ホイルは、それが常に存在してきたのだと考えているのだ。(71) 無限の時を擁した永遠の宇宙では、生命誕生の可能性がどれほど低いかなど、問題にもならない。生命は、遅かれ早かれ、確実に生まれてくるのだろう。ホイルとウィクラマシンゲの仮説からすれば、生命の誕生は、たった一回きりの現象であるはずなのだ。

この二人の天文学者の発想が正しければ、生命とは、惑星内でのみ見られる現象ではないのだろう。これは、大半の科学者の見解とは異なるものだ。つまり、生命とは、宇宙に遍く見られる現象なのである。生命とは、自然法則から生じた、取るに足らない副産物などでは決してなく、宇宙の要ともいうべき存在なのだ。そしてここから最大の謎が生じる。それは、「宇宙はなぜ、生命が蔓延するのを許しているのだろうか？」というものだ。

実際、これこそが問題なのである。

＊　＊　＊

宇宙における原始生命については、これくらいにしておこう。ではさらに知能の高い生命が存在している可能性については、どうなのだろうか？　それには、かなり悲観的な見方もある。バクテリア程度の生命であれば、ごく普通に存在していても不思議はないが、知性を備えた生命となると、その可能性はまずないだろうというわけだ。地球上では、生命は原始的な単細胞の状態で、数十億年を過ごしてきた。この事実から言えることは、さらに複雑な多細胞生物への進化は難しく、その意味で地球は、特別な場所の一つなのかもしれないということだ。ホイルやウィクラマシンゲは、こうした見方を取っていない。というのも、彼らが理由は不明だが、宇宙全体が生命にふさわしい場所であると確信しているからである。

とはいえ、宇宙に知性を備えた生命がほかにも存在しているのなら、それらはどこに存在しているのかというのが、差し迫った問題になるだろう。その場合、目をまず向けねばならないのが、天空なのだ。もっともこんなことは、当たり前すぎて、あえて口にするのも馬鹿らしいのだが。とはいえ、ウクライナのある天文学者は、身近な場所から当たるのが得策だと考えている。その天文学者こそ、アレクセイ・アルヒーポフなのだ。そして、アルヒーポフが探査すべきだとしている風変わりな場所こそが、地中なのである。というのも、アルヒーポフの言うように、異星人はまだ地球へはやって来ていないかもしれないが、ゴミを送りつけてきてはいたかもしれないからである。

異星人はまだ地球には訪れていないのかもしれないが、彼らが出したゴミは、とうの昔に送りつけられているのかもしれない。

宇宙服の男がポーズをとっているうしろには、細長い厚板状のまっ黒な物体があった。高さ三メートル、幅一・五メートルぐらいで、いささか不吉なことに、フロイドは巨大な墓石を連想した。ふちがきれいに角ばった、完全に左右対称の物体で、あまりにも黒いので、ふりそそぐ光をすべて吸収しているように見える。表面にこれといった特徴はない。石なのか金属なのかプラスチックなのか、それとも人類にとってまったく未知の物質なのか、それもわからない。

アーサー・C・クラーク／伊藤典夫訳
『2001年宇宙の旅』

第12話
異星人のゴミ捨て場

映画『2001年宇宙の旅』には、異星人の作った人工物が月で発掘されるシーンが登場する。過去数百万年で初めて月の曙光を浴びたその人工物はすぐさま、恒星へ向け、あるメッセージを送信する。そのメッセージとは、「発見された!」だった。はるか昔、太陽系内を巡っていた地球外知的生命体は、太陽系第三惑星が生命に満ち溢れている様を観察し、それが可能性に満ちた場所であると悟った。彼らが探査の手をゆるめることはありえなかった。ところが彼らは、月に「歩哨」を埋め込んでもいたのだ。これは一種の盗難警報機のようなもので、ある時地球に誕生した知的生命体が、核による絶滅を回避すべく、生まれ故郷を後にして宇宙へと旅立っていったことを告げるものだった。

月面下はもちろん、地球表面下にすら、異星人が残した人工物が実際に埋められているなどということはありうるのだろうか? ウクライナのある天文学者は、驚いたことに、あると答えている。カルコフにある電波天文学研究所のアレクセイ・アルヒーポフによれば、銀河系のどこかで知的生命体が誕生し、宇宙に進出しているのだとすれば、彼らが残した人工物が目と鼻の先に存在していることはまず間違いないのだという。

これは一見すると、正気の沙汰とは思えない発想だ。とはいえアルヒーポフの主張を正確に理解しておくことは大切だ。アルヒーポフは、異星人が残した人工物が、映画『2001年宇宙の旅』に登場した月面シーンさながらに、地球上にも存在していると言っているのではない。そこには当然、異星人の意図が込められることになるだろうが、地球文明よりはるかに進んだレベルにある地球外文明の意図を測り知ることなどできるわけがないではないか？　いや、アルヒーポフが問題にしている異星人の手になる人工物は、地球に偶然落ちてきたものなのだ。

では、そんな偶然がどうしてありえたのだろうか？　アルヒーポフによれば、それを探り当てるには、はるかかなたの宇宙に目を向ける必要などないという。宇宙における人類の活動によって、太陽系は「汚染されている」。宇宙事業に関わっている各種機関は、破棄された衛星やロケットの外装部分などが宇宙を汚染しているとの警告をたびたび受けるようになっている。こうした「宇宙ゴミ」は、地球軌道上に散乱しているが、宇宙航行の重大な障害となる危険性があるため、NASAはすでにスペースシャトルの打ち上げを一度ならず延期しているのだ。

ところが(これがアルヒーポフの主張の要なのだが)、惑星間に漂うゴミは、いつまでも宇宙に留まってはいないのだ。実際、長い年月の間には、人類が残した人工物の中にも、太陽系に置き去りにされるものがあるだろう。それらは、宇宙空間を吹く風に翻弄されながら、恒星への旅に船出することになるはずだ。

太陽系からの脱出

アルヒーポフによれば、宇宙ゴミのようなかけらが太陽系外へと放り出される場合には、明確に分けられたいくつかのプロセスを経るのだという。第一のプロセスには、太陽光の圧力が関わっている。太陽光とは、太陽から無数に放出された「光子」と呼ばれる微小粒子の風だ。この太陽風を直接捉えることができないのは、それがあまりに微弱なためである。[72] にもかかわらず、この太陽風は、太陽系から天体を一掃することができる。もっともそのためには、天体がある程度小さくなければならないのだが。

大きさがなぜ問題になるかといえば、強力な太陽の重力から自由になるためには、天体は、秒速六〇〇キロメートル、つまり時速一三八万マイル以上の「脱出速度」に達しなければならないからである。太陽風がおそろしく微弱なために、そんな速度にまで加速できるのは、非常に小さな天体だけだ。その大きさは、一〇〇〇分の一ミリメートルほどになるだろう。これは奇しくも、ロケットの排気から放出された粒子の典型的な大きさなのだ。そうした粒子は、光子のそよ風に拾い上げられると最外惑星を越え、そのはるかかなたに存在する虚空へと広がっていくのである。

さらに大きな破片の場合も、太陽系を脱出するのに不可欠な高速へと加速されうる。アルヒーポフによれば、こうした現象が生じる可能性があるのは、破片が宇宙空間で衝突し合うか、自然に爆発する場合かのいずれかだという。最近では、数機の惑星宇宙探査機が宇宙空間で隕石と衝突したり、自然に爆発したりして破壊されている。アルヒーポフによれば、そうした衝突や爆発が、太陽の重力の影響がほとんどおよばない太陽系外縁部で生じる場合、高速で飛行する大量の破片は、星間宇宙へと放り出されてしまう可能性があるという。

太陽光圧や衝突、さらには爆発に加え、宇宙空間を漂う破片を太陽系から追い払う第三の方法が存在する。それがまさしく、人工物と惑星との接近遭遇という現象なのだ。「重力パチンコ」の名で知られるそうした接近現象では、人工物が惑星重力の影響を受けて、星間宇宙へと放り出されてしまう。(73) コンピュータ・シミュレーションによれば、太陽系に存在する小惑星の三分の一以上が、長い年月をかけて少しずつこうしたかたちで放り出されてしまうのだという。(74)

破片が星間宇宙へと放り出されてしまうメカニズムを、アルヒーポフがなぜ重視したかといえば、その逆の現象もありうることを指摘したかったからだ。人類が生み出したゴミで太陽系が汚染されるのとまったく同じようにして、宇宙を航行する異星人の生み出したゴミによっても、惑星系は汚染されてしまうだろう。人類の技術によって、人工物が宇宙空間へと広がっているように、異星人のそれもまた同じような運命をたどる事になるのかもしれない。アルヒーポフによれば、そうなるのは当然の成り行きなのだという。「異星人の人工物が実際に星間宇宙に漂っていれば、その中のいくつかは間違いなく、地球へと落ちてくることだろう」。

アルヒーポフの推論は、宇宙空間では、偶然を回避することなど絶対にできないという前提の上に成り立っている。アルヒーポフが唯一よりどころにしている前提とは、われわれが暮らす銀河には、地球文明以外にも宇宙へ乗り出している文明が存在しているというものだ。そうでなければ、アルヒーポフの主張はむなしいものになるだろう。そしてまた、ＳＥＴＩ（地球外知的生命体探査計画）支持派の主張も、むなしいものとなるのだ。この非常に有名な探査計画には現在、電波天文学者や光学天文学者が多数参加しているが、彼らは複数の恒星から送られてくる知的メッセージを拾い上げようと、宇宙探査にいそしんでいるのである。「クリストファー・コロンブスにとって、新大陸が存在することの裏づけとなったのは、海洋を漂ってきた奇妙な破片だった」とアルヒーポフは述べている。「これとまったく同じように、宇宙という大海原を漂う破片もまた、新たな惑星や生命が間違いなく存在していることの確かな証拠になりうるのだ」。

天の川に、宇宙に進出している地球外文明が存在していると考えているアルヒーポフは、次のような荒唐無稽な問いを立てている。「四五億年の歴史を通じて、この地球には異星人の手になる人工物が、一体どのくらい落下してきたのだろうか？」

異星人の手になる人工物の数

その答えは要因の数に左右される。たとえば、われわれの銀河に存在する異星人の文明一つひとつが自由裁量で、小惑星帯に存在するのと同じ量の物質を備えているとしてみよう。その総量は、およそ一兆八〇〇〇億かける一兆グラムに相当する。次に、それぞれの歴史を歩んでいる各文明が、物質の一パーセントを人工物に変えているとしよう。一パーセントというのは、いかにも膨大な量に思えるかもしれない。ところが、地球での物質生産量は「指数関数的」な成長を見せるのがごく当たり前になっている。ある時期に二倍になったものが、さらに二倍、二倍に増えていくのだ。アルヒーポフによれば、こうした増加現象が異星人文明の宇宙進出をきっかけに継続されていけば、問題の文明は小惑星のような物質の一パーセントを加工し、わずか数百万年の内に「異星人版消費財」を生み出すことになっても不思議ではないという。

次に、具体的な数を挙げてみよう。一兆八〇〇〇億かける一兆グラムの一パーセントは、一八〇億かける一兆グラムである。これと同量の小惑星を使って、重さ一〇〇グラムのこしょう入れを作れば、その数は、一八〇〇億かける一〇億個分になってしまうだろう。

もちろん、恒星一つひとつに惑星族が見られるわけではない。もっとも、近傍の恒星に関する最新の観測によれば、三〇パーセントの恒星にはそうした構造が見られるようなのだが[75]。さらに、すべての惑星系が星間人工物を生み出すような文明を作り出すというわけではない。だが、ここでは議論の便宜上、そうした文明の一パーセントが星間人工物を生み出しているとしてみよう。とすれば、問題となる人工物の数は、一体どれくらいになるのだろうか？

具体的な数字を挙げよう。一億三〇〇〇万立方キロメートルの宇宙空間あたり、一個の人工物が漂っているというのが、その答えである。これはとてつもなく膨大な空間であり、それは、ほぼ地球から太陽までの距離に相当する。この、ほぼ空っぽの空間で異星人が作った「こしょう入れ」ほどの大きさの人工物を見つけ出すのは、干草の山から針を探し出すようなものだ。とはいえ、宇宙的視野に立てば、そうした人工物は、あまりに陳腐なものになるだろう。

次に、はるかかなたにある恒星へと広がっている宇宙全体を、一億三〇〇〇万立方キロメートルの空間ごとに切り分け、その立方体一つひとつに異星人の作った人工物がたった一つだけ漂っているとしてみよう。今回は、太陽が一ヵ所に留まっていないとする。太陽は、地球や、他の惑星を引き連れて宇宙空間を運行しているのだ。そうこうするうちに、太陽は異星人が作った人工物の一群に遭遇することになる。それはちょうど、蚊の大群の中を走り抜けるようなものだ。もっとも、異星人の手になる人工物の一群のほうが、蚊の大群よりもはるかに珍しいのだが。アルヒーポフが立てているのは、「地球はこれから先、どのくらいの頻度で、異星人の作った人工物に遭遇することになるのか?」という問いなのだ。

乱暴な言い方をすると、地球と太陽の間をたまたま飛行している人工物であれば、どんなものであれ地球に落下する可能性があるのだ。地球軌道内の空間が、蚊の大群の間を飛んでいる円形の標的だとしてみよう。その標的は、地球軌道よりも大きく見える可能性がある。というのも、近傍を通過するそうした人工物が、太陽の重力の影響を受けてしまう可能性があるからだ。しかもそうした現象は、問題の人工物と太陽との距離が、人工物と地球との距離よりもはるかに離れている場合ですら見られるのである。太陽系をとてつもない速さで駆け抜けている人工物が地球に衝突するには、その軌道内に入らねばならないだろう。ところがもし、太陽系内をゆっくり漂っていくとすれば、人工物ははるかかなたから捕らえられてしまう可能性があるのだ。

では、そうした人工物はどのくらいの速さで飛行することになるのだろうか？　人工物は、恒星に由来する。太陽と近傍の恒星には相関関係が見られるため、恒星の速度は多様性に富んでいるのだ。アルヒーポフの試算によれば、宇宙ゴミは平均、秒速約三二キロメートル、つまりは時速一一万五〇〇〇キロメートルで地球に向かっているのだという。

以上で、地球と異星人の作った人工物とが遭遇する頻度を割り出すのに必要な要因は、ほぼすべて手に入ったことになる。蚊の大群を思わせる人工物の標的となる地球軌道内の空間規模もわかっている。またそうした人工物が、宇宙空間でどれほどの頻度で見られるのかについての試算も済んでいる。さらに、地球や太陽のような標的が、問題となる人工物の一群の間をどのくらいの速さで通過しているのかも明らかになっているのだ。

宇宙空間を漂ううちに、問題の標的は円筒状の宇宙空間を「一掃してしまう」。そうした円筒状の空間にたまたま入り込んでしまった人工物はどれも、地球に落下する可能性があるのだ。もちろんその場合、人工物は地球に激しく衝突するはずだ。こうして、人工物の標的となる地球軌道内の空間は、絞り込まれることになる。とはいえ、この点をも十分考慮に入れているアルヒーポフはとうとう、次のような問いを立てるまでになっているのだ。四六億年の歴史の中で、地球に落下した異星人の手になる一〇〇グラム級の人工物は、一体どれくらいの数に上っていたのだろうか？　その答えは、とても信じがたい話なのだが、四〇〇〇個なのである。

これは、驚くべき数だ。もっともそれは、前提条件が正しい場合に限っての話なのだが。言い換えれば、惑星系の一パーセントから宇宙に進出するような文明が一つ生まれるとすれば、その結果それが、小惑星帯の一パーセントに当たる量の物質を一〇〇グラムの人工物に変えてしまうのである。

もちろん、その数は一定していない。たとえば一万個にものぼる惑星のうち、たった一つの惑星上でのみ、宇宙進出を企てるような文明が生まれるということも考えられる。そうなれば、地球に飛来する異星人の人工物の数は、わずか四〇個にまで減じることになろう。それはもちろん、たいした数ではないが、まったくのゼロというわけでもないことを、ここで強調しておきたい。あるいはまた、宇宙へ進出した文明が、ごく少量の物質しか人工物に変えなかったり、逆にごく少量の物質から巨大な人工物を作り出したりすることもありうるのかもしれない。いずれにせよ、地球に飛来したとされる四〇〇〇個の人工物の数は、切り下げられることになるだろう。とはいえ、当初四〇〇〇個以上と推計されていた人工物の数が、一個にも満たないところまで切り下げられてしまうのは、実に驚くべきことである。

アルヒーポフが下した常識はずれの結論によれば、しかるべき規模の惑星系から宇宙へ進出するような地球外知的生命体が誕生するとすれば、それらが出したゴミが地球に存在していても何の不思議もないのだという。つまり、異星人が出したゴミは大気圏突入の際に完全に燃え尽きたわけではないということだ。アルヒーポフの話では、そこそこの大きさの人工物であれば、大気圏突入という「火の洗礼」を受けた後でも燃え尽きずに、一部が残る場合もあるのだそうだ。

　アルヒーポフによれば、地球外知的生命体の存在を裏づけるような証拠は、文字通り「われわれの足元に」埋まっている可能性があるのだという。つまり科学者は、異星人が生み出した人工物を、地層やごく稀にしか飛来しない隕石内に探ることを真剣に考えねばならないというわけだ。「地球外知的生命体の存在を裏づける証拠は、宇宙はもちろん、地球上でも発見される可能性があるようだ」とアルヒーポフは述べている。

　この問題を、ＳＥＴＩ（地球外知的生命体探査計画）と比べてみよう。異星人が発信する電波信号に電波望遠鏡が狙いを定めるようなってから四〇年そこそこしか経っていないのに対し、地球や、とりわけ月は、四〇億年以上もの間、異星人の出したゴミの標的になってきた。その時間的開きは、一億倍だ。しかも、ＳＥＴＩが拠り所にしている前提は、次のようなものである。それは、地球外知的生命体が、人類とコミュニケーションを取りたいと望んでいるのはもちろん、現在のような進化レベルにある人類にも認識可能な電波や光学信号を使っているという発想だ。一方、地球外知的生命体が存在しているというだけで、彼らが出すゴミが最終的に地球や月に飛来してくるという可能性も十分にありうるのだ。「異星人が出した宇宙ゴミを探るという試みは、現代科学の死角になっているが、それが一つのチャンスであることは確かなのだ」とアルヒーポフは述べている。

異星人の生み出した人工物を探る

異星人が生み出した人工物が一番見つかりそうな場所はおそらく、アーサー・C・クラークの予想通り、月面だろう。というのも、月がこれまで隕石の衝突は別として、地質学的要因による風化や改変を経験してこなかったからだ。「地質学者にはぜひとも、月面を研究していただきたいものだ」。アルヒーポフは、そう述べている。

ところが、月は今でも人類の手がなかなかおよばないところにあるため、最良の探査地は地球ということになる。まず押さえておかねばならないのは、地球の約三分の二が海洋であるという事実だ。海洋こそ、異星人が生み出した人工物が一番落下していそうな場所なのである。深海に広がる海溝部の圧力はとてつもなく高いために、そこへは近づくことができない。海溝部には、ロボットを送り込むべきなのだ。海洋学者が好んで言うように、海底は月面ほど探査が進んでいない。そこは、「こしょう入れ」そこそこの大きさの風変わりな人工物を見つけ出すには最悪の場所なのだ。

海洋についてはこれくらいにしておこう。では、地球の乾燥した陸地についてはどうだろうか？陸地は、風雨や氷などの情け容赦ない作用に対さねばならない。こうした作用に長期間曝されていれば、世界最高峰の山ですら切り崩されてしまうこともありうるだろう。ところが、こうした自然の力ですら、とてつもなく長い歳月にわたって見られた地質変動の前では、その意味を減じてしまう。そうした変動によって新たに海洋が作られ、いくつもの大陸が地底で燃えたぎるマグマへと葬り去られてきたのである。異星人が作った人工物が地球に飛来してくる可能性は低いようだ。事実、一〇億年以上も前に地球に飛来した人工物はたぶん、はるか以前に地球内部へと引きずりこまれ、粉々にされては地球内部の熱と圧力によってその姿を変えられてしまっているのだ。

もっとも、地球誕生後の数十億年内に、地球に飛来した異星人の人工物など、ほとんどなかったのかもしれない。アルヒーポフの推論には暗黙の前提があるが、それは「宇宙へ進出するような文明は常に存在してきた」というものだ。ところが炭素、酸素、鉄といった生命には不可欠の重原子は宇宙へ吐き出され、新たな星に取り込まれていく前に、恒星という名のオーブンで焼かれているという事実がわかっている。ここから明らかになるのは、一連の恒星の系譜が重元素をますます増やしていったという事実である。また、生命を宿した地球のような惑星が成立するためには、重原子に関する「臨界レベル」が必要となるのかもしれない。つまり、地球とはそうした惑星の「走り」の一つなのかもしれず、知的生命体が初めて登場した舞台は、ほかならぬ地球だったのかもしれないというわけなのだ。

こうしたいくつもの理由から、今後見つかるかもしれない異星人の人工物は、一〇億年前から存在していたのかもしれない。では、そうした人工物を見つけ出すにはどうしたらよいのだろうか？恐竜の骨が見つかるような岩石から、異星人の手になるトランジスタ・ラジオが見つかりそうもないというのは当然の話なのだ。

ここに、大問題がある。そもそも一九世紀の人間がシリコンチップになど目を留めるだろうか？　彼らは、シリコンチップが人類文明をはるかに凌ぐ技術文明が生み落とした人工物であることに気づくのだろうか？　またその人工物に、毎秒数百万ないしは数十億回もの計算能力があるという事実など理解できるのだろうか？　一九世紀の化学者であれば、問題のチップがシリコンと呼ばれる元素からできており、そこにはさらに金のような元素の痕跡が認められるなどと結論づけるのかもしれない。それでも、彼らにはその用途など見当もつかないだろう。こうした事情は、問題のチップが長期間埋められていたことで風化・浸食されていれば、なおさらのことだ。

ここで問題になっている年月は、わずか一〇〇年程度のものである。進化を遂げた地球外文明であれば、人類より数千年ないしは数百万年も先んじているのかもしれない。とすれば、そうした文明が生み出した人工物は、現在の人類には認識すらできない可能性もある。それはちょうど、食器洗い機が、アリやアメーバにとっては何の意味も持たないようなものだ。

後はただ、化学組成や放射性物質の組成に現れた「異常」を手がかりに、パズルのピースとなるような岩や金属が見つかることを願うばかりだ。

世界のどこかにある博物館には、謎めいた人工物が陳列されている。たぶんその正体を知る者など、かれこれ一世紀以上も現れていないのだろう。いやひょっとしたら、今まさにこの瞬間に、博物館の学芸員がそれをガラスケースから取り出し、まじまじと観察しては、頭をかきむしりながら困惑しているところなのかもしれない。学芸員はその謎の人工物を化学分析にかけようなどと思うだろうか？　それともそれを元のガラスケースに戻し、見なかったことにでもするつもりなのだろうか？　願わくば、そんなことにはならないで欲しいものだ。

原註

【第1部　実在《リアリティ》って何だろう?】

第1話　逆流する時間

（1）「時間の矢」という言葉が初めて登場したのは、イギリスの天文学者アーサー・エディントンの『物質界の本質（"*The nature of the Physical World*"）』（1928）（Edward R. Harrison, *Cosmology* [Cambridge : Cambridge University Press, 1981], 144.）においてである。「時間の偉大なところは、それが永久に続くという点だ」とエディントンは述べていた。「ところが、この時間の性質はどうやら、物理学者が蔑ろにしてしまいがちなもののようだ。（中略）本書で『時間の矢』という場合、それは空間にはない時間特有の一方向性を示すものとしたい」。

（2）熱力学の第二法則とは、ごく簡単に言えば、次のようになる。熱が利用される場合には必ず、何らかの変化が生じる。そうした現象が起きるのは、エネルギーがスプリングやピストンなどに集中する場合だ。熱は多くの事物（例えば、高温ガス内に見られる多くの分子）の間に拡散していくエネルギーに換えられる。熱変換効率が一〇〇パーセントになりえないのは、ガス内のエネルギーが、高温ガスの多種多様な状態から、ピストン運動のようなごくまれな状態へと移されることがまずないからだ。これはまさに、自動車のエンジン内で起こっている現象である。とはいえその場合にも、どこかで変化が生じている。それはたとえば、燃料の燃焼のような、エントロピーの増大に関わる現象に表れているのだ。

(3) 物理学者なら、この発想には納得がいかないだろう。というのも、エントロピーが関わっているのは、ランダムな動きを見せる心のない実体であって、「自分の意思で行く先を決めている」語学講座の生徒ではないからだ。そこで、四〇人の生徒を四〇個の気体原子と考えてみよう。一週間を通して、気体原子はランダムに飛び回り、多くの場所に飛んできては、かなりひどい「無秩序」を生み出そうとしている。ところが「金曜日の午後七時」が近づくにつれ、ある「秩序」が生み出され始める。気体原子の速度はまず、一ヵ所へと向かうのだが、最終的にはそれらは一つにまとまって、とても「ありえない」ような集団になる。

(4) ビッグクランチが秩序立った状態にはないのかもしれないという可能性が、常にある。たとえばビッグクランチには、恒星爆発の名残とも言うべき、あらゆるものを吸収してしまう数多くのブラックホールが存在しているかもしれないのだ。ブラックホールは、多くの無秩序と関連している。とはいえ、この問いに様々な視点から答えようとしても、ビッグクランチに存在しているかもしれないブラックホールの数についてなど、誰にもはっきりしたことはわからないのである。

(5) これは、一九二四年にフランスの数学者エミール・ボレルが初めて述べた言葉の「変奏」だ。確率を論じた著書でボレルは、シリウス上で一グラムの物質を数センチメートル動かすと、その影響が地球へと届いた時には、地球上の気体の微視的状態が一変してしまうと試算していた。ボレルによれば、こうした現象は問題の気体原子が互いに数回衝突し合う時間内に起きるのだという。つまりそれは、数十億分の一秒以内なのだ。

(6) われわれの宇宙に「未来の制約」が課せられているとすれば、未来がどんなものになるかが今の段階でわかってしまうかもしれないという、わくわくするような可能性が出てくるだろう。たとえば、最終的にビッグクランチへと再崩壊していく宇宙に住んでいれば、銀河は将来、完全に自由の身となったような動きを見せることだろう。

(7)　コペンハーゲン解釈そのものは、解釈に対して寛容だ。なぜならコペンハーゲン解釈は、「観測」とは何かについてはあいまいな立場を取っているからである。観測とは、粒子検知器のような巨視的物体が、原子のような微視的物体と相互作用を見せることとされる場合もあれば、それが何らかの意識を備えた存在と関わっているとされる場合もある。この極端な見方によれば、原子がある場所に確実に存在するのは、観測されて初めてということになる。恒星と銀河は、その光が望遠鏡に捉えられて初めて実在していることになる。宇宙は人類が登場し、宇宙観測を通じて、過去と現在とを生み出すようになるのを待ち続けてきたのだ。

(8)　懐疑派は、完全に自立した量子コンピュータを作ることは不可能だろうと言う。というのも、量子コンピュータをその環境から完全に隔離してしまうことができないから、というのだ。ところが、ここへきて物理学者は、そうした周囲の環境からの悪影響を低減するための独創的な方法を思いついた。つまり、量子デコヒーレンスによって答えに生じたエラーを訂正するための「量子誤り訂正」が編み出されたのだ。驚いたことに、量子計算ではこの「量子誤り訂正」が常に「ぬかりなく」実行されうるため、量子コンピュータはいつでも、その存在理由を失う前に、計算を終えることができるのである。

(9)　マーティン・エイミス *“The Information”* (London : Harper Collins, 1996), 436. を参照のこと。

(10)　これは一つの可能性だが、ほとんどのガンは「多様な原因」によって引き起こされていると考えられている。遺伝的素因や発ガン性物質への曝露といった半ダースほどの要因が、ガンの発生メカニズムには不可欠なのかもしれない。

(11)　ラリー・ニーヴン「あらゆる方法(‘All the Myriad Ways’)」*“N-Space”* (London : Orbit, 1992), 62. を参

照のこと。

第3話　波動関数の謎《ミステリー》

(12) デモクリトスは、紀元前五世紀を生きたギリシャの哲学者だった。彼は、物質が究極的にはそれ以上分割できない微小な粒からできているという発想で有名である。デモクリトスは、「分割できない」を意味するギリシャ語が「ア・トモス(a-tomos)」であることから、その粒を「アトム」と名づけたのだった。

(13) 絶対零度とは、およそ考えられる温度の中で最低のものである。物体が冷却されると、それを構成している原子の動きはますます鈍くなっていく。絶対零度(摂氏マイナス二七三・一五度)では、原子の動きは完全に止まってしまう。

(14) 電荷には、正の電荷と負の電荷がある。同じ電荷同士は反発し合うが、異なる電荷同士は引き合う。すべての電子は同じ電荷を帯びているため、互いに反発しあう。この現象はまた、ヘリウム原子とその内部を巡る電子の間にある電子にも見られる。

(15) この確率は、波動関数の高さ(振幅)の二乗によって決まる。

第4話　タイムマシンとしての世界

(16) クォークとは、原子の中心核を作っている陽子と中性子の構成要素である。あのおなじみのレプトンは、核の周りを回っている電子だ。

(17) われわれの宇宙という時空は、本質的にねじ曲がっている。このねじれは、ビッグバンによって宇宙が誕生した際の名残だ。このねじれは、時間と空間を巻き込んでいるために、宇宙が時間ループを作りなしている可能性があるのだ。つまり宇宙は、いつの日かビッグバンの鏡像のようなビッグクランチへと再崩壊していくかもしれないのである。ただし現時点では、そうなるという確証は何もない。

(18) 奇妙なことに、この真理に初めて気づいたのは、スイス連邦工科大学の数学教授で、アインシュタインの恩師ヘルマン・ミンコフスキーだった。ミンコフスキーは、アインシュタインのことを「怠け者」と評したことで有名だ。これは、駆け出しのころのビートルズが認められなかったのと似ている。ところが、これはいくら賞賛されても足りないのだが、ミンコフスキーはその後、自分の誤りを認め、かつての教え子だったアインシュタインの革命的な発想を強烈に支持することになったのだ。

(19) 正確に言えば、量子論とは環境から隔離された実体に関する理論である。原理的に言えば、巨大物体は隔離可能だが、現実には、外界から飛んできた光子がたった一つでもぶつかれば、この状態は崩れてしまう。原子のような微視的対象の方が、ヒトなどの巨視的対象よりも、隔離状態をはるかに保ちやすい。このため、量子論は微視的対象についての理論と言えるのだ。

(20) 一個の電子が全エネルギーを失うことがないために、原子の中心部へと落下することもありえないという現象を支えているのは、「ハイゼンベルクの不確定性原理」の名で知られる「量子的勅令」だ。

(21) タイムマシン、つまりは因果律の侵犯が一般相対性理論の特徴であるという理由は、すぐに理解できる。様々な重力を体験している、つまり様々な速度で旅行をしている観測者にしてみれば、時間が流れる速さは千差万別ということになる。たとえば、強烈な重力にさらされている場合には、時間は普段よりもゆっくり流れるのだ(つまり、街中にいるよりも高層ビルのてっぺんにいた方が、年を取るのが少しだけ速いということである)。二人の人物が、月曜日に時計を合わせたとしてみよう。一人は強い重力場におり、もう一人は弱い重力場にいるとする。弱い重力場では金曜日になっているのに、強い重力場ではまだ火曜日になったばかりという具合だ。一方の観測者ともう一方のそれとを結ぶ架け橋のようなものを作れば、金曜日から火曜日へ向けて時間をさかのぼることもできるだろう。理論的には、そうした橋は存在しうるのである。それらは「ワームホール」と呼ばれている。

第5話　五次元物語

(22)　素粒子物理学者の言うエネルギー単位とは、ギガ電子ボルトだ。
(23)　三つの空間次元は、対象の「長さ」「幅」「奥行き」に対応している。これは「東西」「南北」「上下」の方向性と考えてもよい。
(24)　時空とは、物理学者が空間と時間からなる四次元構造に与えた名称である。なぜ、二つの言葉を一つにまとめるかといえば、三つの空間次元と一つの時間次元とは、厳密に言えば同じものだからだ。一九〇五年にアインシュタインが指摘していたように、空間と時間とは一枚のコインの表裏にすぎないのである。だからこそ、四次元時空を問題にする意味があるのだ。
(25)　おなじみの四次元内の方向を示すには、「東西」「南北」「上下」「過去・未来」という言葉があてがわれる。「上」「下」のようにかぎ括弧がつけられるのは、五次元の方向性を示そうとする場合、それに見合った言葉が見当たらないからである。
(26)　ひも理論には、いくつかの種類がある。ところがここへきて物理学者は、そうしたひも理論の分派が、さらに大きな理論の部分にすぎないことに気づくようになっている。M理論と呼ばれるその理論には、一〇の空間次元と一つの時間次元からなる、一一の次元が関わっている。
(27)　厳密に言えば、ここで問題にしているのは確定された粒子ではない。この粒子には、ある場所に存在している確率と、どこか別の場所に存在している確率とが含まれている。つまり、ここには確率の「抽象的な雲」が広がっているのだ。

(28) あらゆる科学の中で一番有名な方程式は間違いなく、アインシュタインの$E=mc^2$だ。この式には質量mにおけるエネルギーEの量が示されている。光速cは巨大数である。式が二乗されるために、ほんのわずかな質量内のエネルギーですら膨大なものになる。このため、小型サイズであるにもかかわらず、水素爆弾の破壊力はとてつもなく大きいのだ。

【第2部　宇宙って何だろう?】

第6話　天空のブラックホール

(29) 現在では、クェーサーはほとんど存在していない。クェーサーが大量に存在していたのは、宇宙の草創期である。天文学者はクェーサーを問題にする場合には「現在形」を使うのだが(それは、夜空に浮かぶ他のあらゆる天体についてもそうなのだが)、それはクェーサーの姿を見ているのが「現在」だからだ。クェーサーは、はるか昔に消滅しているのだが、その光は数十億年の旅を経た今でも、地球を目指している。

(30) 光速とは、秒速三〇万キロメートルである。これは音速の一〇〇万倍に相当する。光速では、ヒトが問題にしているような距離(例えば、樹と目との距離)など意味をなさない。世界は事実上、「この瞬間に」捉えられているのだ。一方、天文学的な距離はとてつもなく膨大なので、そこを進む光の速さは、カタツムリのようにノロノロとしている。つまり、一番近い恒星の場合ですら、現時点で見えているのは数年前の姿であり、最も遠くにあるクェーサーの場合なら、数十億年前の姿になるというわけだ。

(31) われわれの天の川を含むすべての銀河はどうやら、その「青年期」に厄介なクェーサー期を通過してきたようだ。近傍にあるいくつかの銀河の中心核には、巨大だが静止状態にあるブラックホールが潜んでいる証拠が確かに存在する。事実、われわれの銀河には、ブラックホールが一つあるらしい。それは、「サギタリウスA」と呼ばれる、恒星数一〇〇万個分の質量を持つ消滅したクェーサーなのである。ではなぜクェーサーは、消滅してしまうのか？　一番ありそうなのは、クェーサーがそのとてつもない欲求を満たそうとして、物質を使い果たしてしまうというものだ。

(32)　一九一九年に、この効果はアインシュタインの一般相対性理論を裏づけるために活用された。イギリスの天文学者は、太陽円盤に近接する恒星を観測するために、皆既日食を活用した。皆既日食とは、月が太陽の前を横切ることで、太陽の光がさえぎられる現象である。地球へ向けて旅立った恒星の光は、太陽の周囲にできた「重力のくぼみ」をやり過ごさねばならなかった。そのために、光はゆがんだ進路を取らねばならなかったのだ。こうして、アインシュタインが予測していた「光のゆがみ」が立証されることになったのである。

(33)　デイヴィッド・シュラムは、世界的な理論天体物理学者の一人だった。不幸なことにシュラムは、一九九八年に飛行機事故で亡くなった。

(34)　その理由として一つ考えられるのは、宇宙が臨界質量以下の質量から始まり、膨張するにつれてその質量を減少させていくというものだ。つまり宇宙は、膨張過程を通じて臨界質量からかけ離れていくということである。同じように、臨界質量を超える質量から始まった宇宙は収縮し、その密度は次第に高まっていく。この場合もまた、臨界質量からますます遠ざかっていくのである。これはむしろ、芯の先でバランスをとっている鉛筆に似ている。バランスが少しでも崩れていれば、鉛筆は垂直線からますます離れていくだろう。つまり、倒れてしまうというわけだ。鉛筆のバランスを崩さないようにするには唯一、それを垂直に立たせておくしかない。同じように、臨界質量に近いかたちに宇宙を保っておくには唯一、それを臨界質量からスタートさせるしかないのである。

(35)　物理学法則に見られるあらゆる対称性は、決して変化することのない量に関わっている。これを専門用語では「保存量」と言う。たとえば、物理学法則が普遍であるということは、「エネルギー」と呼ばれる量が生み出されることも破壊されることもないということなのだ。同じく、物理学法則が場所によっても変わることがないという事実には、「運動量」と呼ばれる量が常に一定であることが示されているのである。

(36)　陽電子とは、電子の「反物質」である。通常の粒子にはすべて、反物質である片割れが存在する。たとえば、陽子は反陽子と対になっており、ニュートリノは反ニュートリノと対になっている。物理学最大の謎の一つは、われわれが暮らしている宇宙が、なぜ物質だけからできているのかというものである。つまり、物理学法則の予測からすれば、物質と反物質とが半々に混ざり合っていてもおかしくないからだ。陽電子のような反粒子は、粒子加速器実験で頻繁に観測されている。通常粒子を映しているミラー粒子には、ミラー陽電子やミラー反陽子といった反粒子が含まれている。

(37)　このエネルギーは、「量子真空」から借り入れられたものだ。

(38)　力を運ぶ粒子はすべて、「仮想粒子」である。借り入れられたエネルギーが大量であればあるほど、それはただちに返却されねばならない。ここから、力のおよぶ範囲と力を運ぶ粒子の質量との間に相関関係が生まれてくる。そうするのに膨大なエネルギーがかかる場合、力を運ぶ粒子は、あっという間に捉えられてしまうだろう。そのため、この力のおよぶ範囲は狭まってしまうはずだ。その一例が弱い核力である。この力は、陽子のほぼ一〇〇倍も大きな仮想粒子によって運ばれている。一方、電磁気力は仮想光子によって運ばれる。仮想光子とは質量を持たず、発見されるまでに無限の距離を移動することができる。だからこそ、電磁気力がおよぶ範囲は無限なのだ。

(39) ここで、一つの微視的システムが、同時に二つの状態を取るような重ね合わせを思い出しておこう。これは、同時に立ったり座ったりするようなものだ。というのも、微視的粒子には波特性が備わっており、それが「波動方程式」にしたがっているからだ。二つの波が同時に存在しうるのなら、その二つの波の組み合わせ(重ね合わせ)もありうるというのが波動方程式の際立った特徴である。こうして、「混ざり合った物質」という発想が導出される。つまりそれは、オルソ‐ポジトロニウムであると同時にミラー・オルソ‐ポジトロニウムなのだ。二つの状態間で変動が生じるのは、それぞれの波が周期的にもう一方の波を抑えるか、調整するためである。

(40) 重ね合わせが唯一存在しうるのは、残りの世界がそれについて何も知らない場合だけである。外部世界が謎を突き止めたその瞬間に、系はたった一つの状態へと戻ってしまう。ちなみにこうした現象は、光の粒子一個が系に衝突し、その粒子についての情報を切り捨ててしまった場合ですら生じうるのである。量子が見せる不気味な振舞いを破壊するこの過程は、「デコヒーレンス」と呼ばれる(第2話を参照のこと)。

(41) これが、超新星1987Aだった。これは一六〇四年以来、われわれの銀河(厳密に言えば、われわれの銀河を取り巻く宇宙空間)内で爆発した初めての超新星である。

第8話　究極の多宇宙《マルチバース》

(42) マックス・テグマークについては第2話を参照のこと(テグマークはまだ若いが、すでになかなかの有名人だ)。

(43) 原子核は、原子の中央部にある濃密な物質の塊だ。それは、陽子と中性子という二つの主要な構成要素から成り立っている(一番単純な原子である水素の核は例外だ。というのも、水素原子はたった一つの陽子でできているからである)。ベリリウム‐8の「8」は、その核に存在する「組み立てブロック」の総数を表している。

(44) アイザック・アシモフは、受賞作品『神々自身』〔小尾英佐訳、早川書房、一九八六年〕で、強い核力が増した宇宙では原子や恒星や生命はどんなかたちになるのかを探っていた。主人公は、プルトニウム-186のサンプルに躓いたことで、そうした宇宙の存在を知ることになる。われわれの宇宙では、プルトニウムが一つにまとまるには、陽子と中性子の総数が、少なくとも二四〇個で構成された「にかわ」が必要だ。粒子の総数が一八六個になってしまえば、プルトニウムは崩壊するのである。

(45) 重水素とは、最軽原子である水素の重い形態だ。重水素核を構成しているのは、陽子と中性子であって、たった一個の陽子ではない。重水素は、酸素と結合すると「重水」になる。

(46) Martin Rees, "*Before the Beginning*" (London : Simon & Schuster, 1997)を参照のこと。

(47) 同前、参照のこと。

(48) 第4話を参照のこと。

(49) 第5話を参照のこと。

(50) ウェイ・ダイによる'everything mailing list'を参照のこと（また、以下も参照のこと。Everything-list@eskimo.com. http://escribe.com/science/theory)。

(51) 現時点ではまだ、基礎定数を含む物理学法則が何らかのかたちで変化しうると明確に予測する根本理論は存在しない。これが、多宇宙概念のアキレス腱なのだ。ところがまた、現在見られる物理学法則だけが唯一の法則であると言い切る根本理論も存在しない。現時点では、どちらの可能性をも切り捨てないのが得策だろう。

第9話　宇宙は天使が造ったのか?

(52) 厳密に言えば、物理学者が問題にしているのは、物理学の「基礎定数」の微調整だ。基礎定数とは、自然界に存在する四つの力や、それを構成する素粒子の質量等を指している。

(53) ブラックホールとは、重力があまりに強烈なために、そこから抜け出せるもの(光ですら)など何一つない宇宙領域だ。一般に考えられているところでは、ブラックホールが誕生するのは、大質量恒星がその核の燃料を使い果たした結果、それ自身の重力によって劇的に収縮する場合である。ところが、これよりはるかに巨大なブラックホールが存在している。その規模は、恒星数百万ないしは、数十億万個分の質量に相当し、われわれの銀河を含む大半の銀河の中央部に存在していると考えられている。この怪物のような巨大ブラックホールの誕生過程は、謎に包まれたままだ。

(54) リー・スモーリン『宇宙は自ら進化した』(野本陽代訳、日本放送出版協会、二〇〇〇年)を参照のこと。

(55) ロシアの物理学者アンドレイ・リンデは、「ゆくえの定まらない自己複製する宇宙」という概念を提出している。この理論では、いわゆる「永遠の宇宙」や「カオティックな宇宙」、あるいは「インフレーション宇宙」や「ベイビー宇宙」は、常に無時間の「メタ宇宙」内で自然発生し、それぞれのベイビー宇宙を生み出しているとされている。プリンストン大学の物理学者リチャード・ゴットⅢ世の指摘によれば、一つのベイビー宇宙からは一つのベイビー宇宙が生まれ、またそれが一つのベイビー宇宙を生み、最終的にはそこからすべての出発点となった宇宙を生み出すことになるかもしれないという。宇宙は、ある点でルーピングしてしまうかもしれないのだ。

(56) 「インフレーション」という概念を使えば、われわれの宇宙の謎めいた特性のいくつかを説明することができる。たとえば逆回しの映画のように、時間の膨張プロセスをさかのぼり、宇宙誕生直後の時点にたどり着いたとしてみよう。あらゆるものが、直径わずか一ミリメートルの容積に圧縮されてしまっているその時点では、光がそれまでに進むことのできた距離は一ミリメートル以下だった。実際それは一〇の三二乗分の一ミリメートルだったのだ。宇宙のある領域が、別の宇宙領域内の条件を知りうるのは唯一、両者の間で何らかの影響が見られる場合だけである。そして、何らかの影響が生じる場合、その最大速度は、アインシュタインに言わせれば光速ということになる。ミリメートルサイズの初期宇宙は、お互いを知ることができない一〇の九三乗個の領域からできていたというわけだ。ここで、問題が生じてくる。ミリメートルサイズの宇宙がわれわれの宇宙にまで膨張したとすれば、与えられた空間内に存在する銀河の数が、どこでも同じである理由をどうやって説明するのだろう？　お互いを知りえなかった一〇の九三乗個の領域が、互いを知るようになった理由を解き明かさねばならない。インフレーション理論によれば、この謎は、われわれの宇宙がミリメートルサイズの原始宇宙から進化しなかったと考えることで説明できるという。つまり、原始宇宙は一〇の九三乗個の領域のうちの、たった一つから膨張してきたと考えるわけだ。観測可能なわれわれの宇宙という「地平線」の彼方には、われわれの宇宙に似た少なくとも一〇の九三乗個にものぼる領域が存在しているのである。

(57)　アインシュタインによれば、物質とはエネルギーがコンパクトになった形態にすぎないという。物質は、例えば光や熱のようなエネルギー形態へと変換することができ、そうしたエネルギーもまた、物質に変換可能なのだ。インフレーションの最終段階では、真空エネルギーは大量の物質へと変換されたに違いない。そして、そうした物質は冷却されることで、われわれの天の川をも含んだ銀河や恒星を生み出したのである。

(58)　科学者の中には、数十億年という時間スケールを疑問視している者がある。そうした科学者によれば、ヒトのような生命には岩だらけの惑星が欠かせず、またそうした惑星は、シリコンや鉄のような水素より重い原子でできているのだという。宇宙誕生時にはそうした原子は存在しなかったが、恒星の炉内で生み出されると、宇宙空間へと吹き飛ばされ、新たに誕生した恒星内部へ取り込まれていった。ここで重要なのは、地球のような惑星を生み出すのに必要な大量の重元素を組み立てるには、かなりの時間がかかるという点だ。地球生命はしたがって、宇宙史上の最も早い段階で活動を開始したのかもしれない。その上、人類登場までには四〇億年以上もの進化が必要だったのである。というわけで、ヒトは、初めて登場した知的生命体の一例と言えるのかもしれない。この点はしばしば、地球外文明から送られてくる電波信号を突き止める研究が、これまでことごとく失敗してきた理由とされてきた。もっとも本当の原因は、観測年数が足りないという点にあるのかもしれないのだが。

(59) SF作家アーサー・C・クラークは、これを自分が唱える「三法則」の一つであるとすら述べている。「申し分なく発達した技術であれば、魔法と見紛うものになるのだ」。

(60) Arthur Eddington, "*Space, Time, and Gravitation*" (Cambridge : Cambridge University Press, 1920) を参照のこと。

【第3部 生命と宇宙】

第10話 星間宇宙の生命

(61) ところが、「シグマ・オリオニス」と呼ばれる星団内には、自由に浮遊する惑星が存在するという説が、ここへきて浮上してきた(M. R. Zapatero-Osorio et al., 'Discovery of Young, Isolated Planetary Mass Objects in σ Orionis Cluster', "*Science*" 6 October 2000, 103-7)。こうした天体が、本当に惑星なのか消失した恒星の一種である「褐色矮星」なのかは、いまだに不明である。とはいえ理論家によれば、星団内の恒星同士が遭遇することで、そうした恒星を巡る惑星の中には、追い出されるものも出てくるらしいのだという。確かに、恒星の遭遇がごく普通に見られる濃密な「球状星団」を観測すれば、恒星を巡っている惑星が一つもないことがはっきりする。これはたぶん、大半の惑星が星間宇宙へと追い出されてしまったからなのだろう。

(62) 厳密に言えば、このことは巨大惑星には当てはまらない。われわれの太陽系では、木星は、それが太陽から得るエネルギー量の約二倍のエネルギーを放射しており、土星は、それが太陽から得るエネルギー量をわずかに超えるエネルギーを放射している。このエネルギーは、以上二つの巨大惑星に収められていた情報の「名残」だ。それは肉眼では捉えることのできない、紫外線のかたちで放射されているのである。
(63) 少なくともこの点については、科学者は疑念を抱いている。エウロパの氷下に広がる海洋を実際に見た者はいない。ところがNASAの宇宙探査機ガリレオは、問題の氷の上に現れたジグソーパズルのようなパターンを撮影していた。それは、地球に見られる浮遊する海氷に現れたパターンのようだ。エウロパにはまた、磁場も存在しているらしい。それはたぶん、氷下に広がる大洋を、電気の伝導体となっている塩が循環することで生じているのだろう。
(64) 一番有名な温室効果気体とは、二酸化炭素である。二酸化炭素は、石炭や石油といった化石燃料を燃やすことで発生し、「地球温暖化」との関連も指摘されている。ところが、二酸化炭素よりはるかに強力な温室効果気体が存在する。それが水蒸気だ。

第11話　蔓延する生命

(65) 天文学者は、単純な理由から、塵粒子の大きさを割り出すことができた。直径約一〇〇〇分の一ミリメートルの粒子は、恒星の放つ光を「分散」させるには「適役」だ。恒星の光がかすんでいるという現象は、比較的少量の塵で説明できるかもしれないのである。粒子の大きさが、それより大きすぎても小さすぎても、光の分散は起きにくくなるだろう。その場合、星間宇宙にはさらに多くの塵が存在していなければならないはずだ。
(66) 光の動きは、水面に立つ波のようだ。それは、連続した波頭や波の谷間の間の距離にまつわる波長によって特徴づけられている。紫外線の波長はやや長いので、可視光線との見分けがつくのだ。
(67) 光源スペクトルには、各波長で生み出される光量が示されている。

(68) 宇宙線とは、高速で降り注ぐ原子核で、その大半は陽子である。低エネルギーの宇宙線は、太陽から降り注がれるが、高エネルギーの宇宙線はおそらく、超新星からやって来るのだろう。超高エネルギーの宇宙線(地球上で現在生み出すことのできるあらゆるものより、数百万倍も高いエネルギーを帯びた粒子)が、そもそもどこから降り注がれているのかは、天文学における最大の謎の一つである。

(69) 簡単なアミノ酸であるグリシンは、われわれの銀河の中心部にある星間雲内で一九九四年に発見された。グリシンは、生命が活用しているアミノ酸ではないが、それが発見されたことで、生命との関わりが濃厚なアミノ酸が宇宙内に存在しているという望みが出てきている。

(70) この事実を裏づける証拠は、化石からは見つかっていない。というのも、体の柔らかいバクテリアは化石にならないからだ。問題の証拠は、同じ年代の岩石内に見られる奇妙な変則事例からあがっている。炭素には、「同位体《アイソトープ》」と呼ばれる数種類の形態がある。ごく普通に見られるのが炭素-12だが、そのほかにも炭素-13のような同位体も存在する。生物は、炭素-12を濃縮する傾向がある。そのため、生物が死滅し岩石へ取り込まれた場合、そうした岩石には炭素-13に比べ、炭素-12の異常に高い濃縮が見られる。高レベルの炭素-12は実際、三八五万年前の岩石で見つかっている。それこそは、生命が存在していた痕跡なのだ。

(71) 皮肉なことに、「ビッグバン」という言葉を編み出したのはホイルその人だった。一九五〇年、BBCのラジオ番組でのことである。

第12話　異星人のゴミ捨て場

(72) 太陽航行は、アーサー・C・クラークの短編『太陽からの風』に、愉快に描かれている。詳細についてはアーサー・C・クラーク『太陽からの風』〔山高昭+伊藤典夫訳、早川書房、一九七八年〕を参照のこと。

(73) 重力パチンコなど、ありえないようだ。宇宙船のような物体が惑星の重力場を落下していく際の速度は、それが再び上昇する際に失う速度に等しいはずだ。宇宙船の速度に過不足など生じないはずなのである。これは、惑星レベルでは確かなはずだ。ところが太陽系レベルでは、そんなことはまず言えまい。惑星が、静止天体ではなく、太陽の周囲を巡っている天体だからである。計算によれば、惑星の速度は宇宙船の変動する速度に加味されるはずなのだ。宇宙船は、惑星と遭遇すると、そのエネルギーの一部を盗み取ってしまう。事実、惑星の速度は宇宙船の速度が高まると、ごくわずかに落ちるのである。少なくとも、これが、宇宙船が惑星の「背後を」通過する際のシナリオなのだ。惑星の前を通過する場合であれば、宇宙船の速度は速まるどころかむしろ遅くなるだろう。

(74) 小惑星とは、火星軌道と木星軌道の間に位置する太陽を巡る岩だらけの天体だ。小惑星には、セレスのような直径一〇〇〇キロメートル規模のものから、握りこぶし大の石のようなものにいたるまでの、実に多種多様な形態が見られる。かつては、「爆発した惑星の名残」とされてきた小惑星は、今では木星重力の強烈な影響を受けて、決して凝集することのなかった「惑星のかけら」と考えられている。

(75) その存在が推定されてきた惑星は、一〇個中わずか一つにすぎない。ところが実際には、それを上回る数の惑星に、その周囲を巡る降着円盤が存在していることが明らかになりつつある。それは、原始惑星系と言えるかもしれないのだ。

用語集

亜原子粒子　電子や中性子のような、原子より小さな粒子。

天の川　われわれの銀河。

アミノ酸　生物が活用しているタンパク質の構成素。

暗黒物質　宇宙に存在する光を出さない物質のこと。天文学者は、それが存在していることを承知している。というのも、肉眼では捉えることのできない素材の重力によって、肉眼で捉えることのできる恒星や銀河が宇宙を通過する際の道筋が曲げられてしまうからである。宇宙には、肉眼で捉えることのできる通常物質の少なくとも一〇倍に相当する暗黒物質が存在している。暗黒物質の正体は、天文学における最大の問題なのだ。

一般相対性理論　重力とは、時空のゆがみにすぎないとする、アインシュタインが編み出した重力理論。この理論には、ニュートンの重力理論には含まれていなかったいくつもの発想が込められている。その一つは、光速より速く飛べるものなど(重力ですら)存在しないというものだ。もう一つは、あらゆるエネルギーは質量を持ち、そのために、重力の源泉になっているという発想である。この理論によって予測されていたのは、ブラックホールや宇宙の膨張であり、重力が光を曲げてしまうという点だった。

因果律　結果には常に、原因が先行しているという発想。一例を挙げれば、雨に濡れるのは雨が降り出してからであってそれ以前ではない。因果律は、物理学で非常に大切にされている原理なのだ。

因果律の侵犯　原因には、それに先行する結果が存在するという発想。例えば、雨に濡れるのは雨が降り出す前であったり、死ぬのが生まれる前であったりする、というようなことだ。因果律の侵犯はおおむね、物理学者を震え上がらせている。

隕石　地球に飛来する惑星間のかけら。

インフレーション理論　ビッグバン直後のほんの一瞬のうちに、宇宙が強烈な速さで膨張したという理論。ある意味で、インフレーションはこれまで言われてきたビッグバンよりも重要だった。ビッグバンが、手榴弾の爆発程度のものだとすれば、インフレーションは、水爆規模の爆発ということになる。インフレーション理論を活用すれば、地平線問題のようなビッグバン理論に関わるいくつかの問題を解き明かすことができる。

宇宙　この世に存在するものすべて。これは、流動的な言葉だ。というのも、この言葉はかつては、いわゆる「太陽系」を意味していた。ところがその後、それは「天の川」を意味するようになり、現在では、すべての銀河を指すようになっている。ちなみに、問題の銀河は、観測可能な宇宙内に約一〇〇〇億個存在しているようだ。

宇宙ゴミ　もう使われなくなった衛星や捨てられたロケットのフレームといった、地球を包囲している物体。これは宇宙船にとっては危険な存在だ。

宇宙線　超高速の原子核(そのほとんどが陽子)は、宇宙から降り注がれている。低エネルギーを帯びた原子核は太陽に由来し、高エネルギーを帯びた原子核はたぶん、超新星からやってきたのだろう。超高エネルギーを帯びた宇宙線が、どこから降り注がれているのかは、天文学最大の謎の一つだ。ちなみに、この宇宙線とは、人類が現時点で生み出しうるエネルギーの数百万倍に相当するエネルギーを帯びた粒子である。

宇宙の自然選択　自己複製する宇宙という発想の変種。新たな宇宙が自動的に誕生するのではなく、(たぶんブラックホール内部では)知的生命が宇宙創造という一大事業を引き継いでいるのである。つまり、知的生命の出現を促すような物理法則が存在する宇宙は、その他の宇宙を犠牲にして複製しているのである。その結果生まれるのが多宇宙なのだが、それを構成する大半の宇宙には、生命が存在することになるのだ。

宇宙の膨張　銀河は、ビッグバンの余波を受けて、互いに遠ざかっている。

宇宙論　全宇宙の起源、進化、運命を研究対象とする科学のこと。

エウロパ　「ガリレオの衛星」の名で知られている木星の巨大衛星の一つ。エウロパが特に関心を寄せられているのは、その氷冠の下に太陽系最大の海洋が存在していると考えられているためである。

エックス線　光の高エネルギー形態を生み出す線。

エネルギー　仕事を行う力能。これは、生み出されることも破壊されることもなく、ただ形態を変えるだけの量なのだ(エネルギーを定義することは、ほぼ不可能だ。エネルギーの形態には、熱エネルギー、運動エネルギー、電気エネルギー、音エネルギーがある)。

エネルギー保存法則　エネルギーは、生み出されることも破壊されることもなく、ただ形態を変えられるだけにすぎないという原理。

LHC　大型ハドロン衝突型加速器。ＣＥＲＮ(ヨーロッパ合同原子核研究機構)に建設中の巨大粒子加速器。完成は、二〇〇六年の予定。

エントロピー　ある物体の秩序の度合いを測る尺度。より正確に言えば、見かけはまったく変えずに、ある物体の構成要素を再編成しうる方法の数。物理学を支える土台の一つである熱力学の第二法則によれば、エントロピーは減ることがありえないという。一見そうは見えなくても、熱は冷えた物体から熱い物体へと伝わることができないのだ。

オルソ・ポジトロニウム　電子と陽電子とが、同じ方向にスピンしているポジトロニウム。

オールト雲　最外縁部の惑星の軌道を越えて、太陽を巡っていると考えられている一群の彗星。試算によれば、オールト雲内に存在する彗星の総数は、一〇〇〇億個にものぼるという。

温室効果気体　可視光線を通じて漏れていくが、熱放射や紫外線を吸収する気体。地球環境内に存在するそうした気体は、地表近くを暖かく包んでいる毛布のように作用する。一番効果的な温室効果気体とは、水蒸気だ。水蒸気がなければ、地球の平均温度は、氷点下数十度になるだろう。

温度　物体が帯びている「熱」の度合い。温度は、それを構成している粒子の運動エネルギーに関わっている。

＊　　＊

核　「原子核」の項を参照のこと。

核子　原子核を構成する「組み立てブロック」である陽子ないしは、中性子。

核エネルギー　原子核が、別の原子核に変化する際に放出される過剰エネルギー。

仮想粒子　ハイゼンベルクの不確定性原理の制約を受けて、生成と消滅とを繰り返す「はかない」粒子。

カルーツァ‐クライン理論　巻き上げられた余剰次元についての理論。

カルーツァ‐クライン粒子　カルーツァ‐クライン理論に登場する新しい粒子。実際それは、カルーツァ‐クライン理論に登場する巻き上げられた余剰次元の「エコー」である。

観測可能な宇宙　宇宙の地平線内で観測できるすべての対象。

基本粒子　すべての物質の基本的な「組み立てブロック」の一つである粒子。物理学者は現在、六つのクォークと六つのレプトンが存在し、全部で一二個の素粒子を作りなしていると考えている。そうしたクォークがレプトンの多種多様な局面にすぎないことが明らかになるようにと望むばかりである。

基本力　あらゆる現象を支えていると考えられている、四つの基本力の一つ。四つの力とは、重力、電磁気力、強い力、弱い力である。物理学者の間で問題になっているのは、こうした四つの力が、たった一つの超力《スーパーフォース》の局面にすぎないという発想だ。数々の実験を通して、すでに明らかになっているところでは、電磁気力と弱い力とは、「電弱力」と呼ばれる一つの力の異なる局面だという。理論家はまた、「大統一理論（GUT）」と呼ばれる理論を編み出してもいる。この理論によれば、電弱力と強い力とは、コインの表裏のように見えるようだ。ところがまだ、大統一理論は、実験によって立証されてはいない。

QED　「量子電磁力学」の項を参照のこと。

究極の総体《アンサンブル》理論　およそ考えられうる一連の物理学法則のすべてが、宇宙のどこかで現れているとする理論。この理論によれば、重要なのは多宇宙だけでなく、それをも包み込むような、とてつもなく大きな多宇宙なのだという。

極限環境微生物　極寒や灼熱、あるいは暗黒といった「極限条件下」で生き抜くことのできる生物。

銀河　宇宙の構成要素の一つである恒星からなる巨大な島。われわれの島である銀河はらせん状で、そこには数千億個もの恒星が存在している。

クォーク　原子内の陽子と中性子を生み出している粒子。クォークは現在、レプトンと共に、自然を構成する究極の「組み立てブロック」と考えられている。クォークとレプトンにはそれぞれ、六つの種類がある。

クォーク・ハドロン相転移　ビッグバン直後のわずか一〇〇万分の一秒内で、宇宙はクォークの集団が凝縮して陽子と中性子とになるほど冷却した。陽子と中性子とは実際、「クォークの袋」だ。三つのクォークが組み合わさることで、陽子が生まれ、クォークが別の組み合わせを取れば、中性子が生まれる。

クェーサー　中心にある巨大ブラックホールめがけて、渦を巻いていく際に、数百万度にまで熱せられた物質から、大半のエネルギーを引き出しているような銀河。クェーサーは、太陽系にも満たない容積から、通常銀河一〇〇個分の光を生み出すことができる。このためクェーサーは、宇宙で最も強力な物体とされているのだ。

グラビトン　重力を運ぶ仮想粒子。

グルーオン　強い力を運ぶ粒子。

形式体系　数学の基本的な「組み立てブロック」になっている系。それは、自明の真理である「公理」と、それから演繹される「理論」で構成されている。

原子　あらゆる通常物質の「組み立てブロック」。原子は、電子雲に周囲を囲まれた核から構成されている。核が帯びている正の電荷は、電子が帯びている負の電荷と、見事に調和を保っている。原子の直径は約一〇〇〇万分の一ミリメートルだ。

原子エネルギー　「核エネルギー」の項を参照のこと。

原子核　原子の中心に存在する陽子と中性子(水素の場合には、陽子一つだけ)からなる、堅固な塊。原子核は、原子の質量の九九・九パーセント以上を占めている。

原始惑星星雲　新たに誕生した恒星の周囲に存在する星間ガスと、塵からなる雲。ここから、惑星系が生み出されていく。

光子　光の粒子。

恒星　宇宙空間へ放出してしまった熱を、その核エネルギーによって補充している巨大なガス球。

光速　宇宙の速度限界。秒速三〇万キロメートル。

降着円盤　旋回する物質がブラックホールのような強力な重力源の周囲に作るCD状の円盤。重力は重力源から遠ざかるにつれて弱まる。そのため円盤の外側に存在するガスや塵は、内側に存在するそれよりもゆっくりとした速度で軌道を巡る。物質が様々な速度で進んでいる領域間で生じる摩擦のせいで、円盤は数百万度にまで過熱されることがありうる。クェーサーが強烈な光を放っているのは、巨大ブラックホールを取り巻いている超高温の降着円盤が存在するためとされている。

光年　宇宙における距離を表すための簡便な単位。これは、光が一年間に進む距離を指す。その距離は、九兆四六〇〇億キロメートルである。

コスモス　宇宙の別称。

古典物理学　量子物理学ではない物理学のこと。一九〇〇年以前の物理学すべてを指す。一九〇〇年とは、ドイツの物理学者マックス・プランクが、エネルギーが「量子」と呼ばれる不連続量である可能性があると示唆した年である。アインシュタインは、この発想が古典物理学とまったく相容れないということを悟った最初の人物だった。

コペルニクスの原理　宇宙における人類の空間ないしは、時間的位置については、特にこれといって特別なことはないという発想。これは、地球が太陽系の中心部で特別な位置にはなく、惑星は太陽を巡っているのだとするコペルニクスの認識を一般化したものである。

コペンハーゲン解釈　これは、長年にわたって、微視的な「量子の」世界が、日常世界とはひどくかけ離れて見えるという理由についての標準的な解釈とされてきた。コペンハーゲン解釈によれば、原子のような量子的対象は、同時に複数の場所に存在しうるが、その対象を空間のある一点に確定しておくためには、「観測」という行為が不可欠だという。「観測とは何か」がはっきり定義されていないため、コペンハーゲン解釈自体は、解釈に対して開かれているのである。

＊　＊

紫外線　超高温の天体が放射する不可視光線で、日焼けの原因となっている。紫外線の波長は、可視光線のそれよりも短い。

時間の膨張　光速に近い速度で運動している観測者、つまり、強烈な重力を体験している観測者にとっては、時間の流れは緩慢になる。

時間の矢　「熱力学的な時間の矢」の項を参照のこと。

時間旅行《タイムトラベル》　過去や未来への旅行。

時間旅行パラドックス　時間旅行が生み出しているように見えるナンセンスな状況。一番有名なのが「おじいさんパラドックス」だ。これは、時間をさかのぼり、自分の祖父に当たる人物を撃ち殺すことから生じるパラドックスである。つまり、どうすればこの世に生まれてしまっている人物が、時間をさかのぼり、祖父を殺すなどということができるのだろう？

時間ループ　「閉じた時間的な曲線」の項を参照のこと。

時空　時間と空間で構成された、単一の実体。時間と空間とは、一般相対性理論では、本質的に同じものと考えられている。重力とは、時空のゆがみである。

次元　時空内の独立した方向性。われわれの世界には、三つの空間次元(左右、前後、上下)と、一つの時間次元(過去、未来)がある。ひも理論によれば、宇宙にはこのほかに六つの余剰空間次元が存在しているのだという。こうした余剰次元が他の次元と決定的に違うのは、それらが小さく巻き上げられているという点だ。

自己複製する宇宙　ほかの宇宙を生み出す宇宙。

事象の地平線　ブラックホールの周囲に存在する一方向性の「膜」。物質であれ光であれ、この膜内に落ち込んだ物はすべて、二度と外に出ることはできない。

質量　物体内の物質総量を測る尺度。質量とは、最も凝縮したエネルギー形態である。たった一グラム中には、ダイナマイト一〇〇トン分の爆発によって放出されるエネルギー総量に等しいエネルギーが含まれている。

重水素　水素の希少な同位体。重水素の核には、中性子と陽子とが存在する。

重力　自然界に存在する四つの基本力のうち、最も微弱な力。重力は、ニュートンの重力法則によってほぼ記述されているが、それは、アインシュタインの一般相対性理論によってより正確に記述されている。一般相対性理論が破綻するのは、ブラックホールの中心部における特異点と、宇宙誕生時の特異点においてである。物理学者は現在、重力をさらにうまく記述する方法を模索中だ。重力は将来、「量子重力理論」によって、「グラビトン」と呼ばれる粒子のやりとりから生じていることが明らかにされるのかもしれない。

重力パチンコ　宇宙探査機や小惑星のような物体が、惑星のような大質量天体の重力を受けてスピードを上昇させる現象。この効果が最大限に発揮されるのは、その天体が惑星に接近していく場合である。

重力レンズ効果　はるかかなたにある天体の光が、それと地球との間に存在する対象によって拡大される現象。そうした物体は、銀河であれ恒星であれ、「重力レンズ」と呼ばれている。その効果が現れるのは、重力が光の軌道を曲げることができるからだ。つまり、光は地球へ向かう途上でレンズ天体を通過すると、その天体方向へと曲げられ、その結果、さながらガラスレンズが焦点を絞るような機能を果たすことになるのだ。

シュレーディンガー方程式　時間の経過とともに、原子が変化していく様を記述する波動関数をつかさどる方程式。シュレーディンガー方程式を使えば、原子の振る舞いを予測することができる。

小惑星　恒星を巡っている岩だらけの小規模天体。そうした天体はたぶん、惑星形成期の「名残」なのだろう。

小惑星帯　火星軌道と木星軌道との間に存在する太陽を巡っている小惑星群。最大の小惑星セレスの直径は、約九〇〇キロメートルにもおよぶ。

真光度　恒星のような天体が、宇宙へ放射する光の総量。

彗星　恒星を巡っている小さな氷状の天体(その直径は通常、わずか数キロメートルである)。大半の彗星は、「オールト雲」と呼ばれる巨大雲内に存在する最外縁惑星のかなたにある太陽を巡っている。小惑星と同じく、彗星も惑星形成期の「名残」なのだ。

水素　自然界で最も軽い元素。水素原子は、一個の陽子とそれを巡る一個の電子で構成されている。宇宙に存在するほぼ九〇パーセントの原子は水素原子だ。

スペクトル　光がその構成要素に分解される際に現れる虹色。

スペクトル線　原子と分子が放射ないしは、吸収する光。原子や分子が、放射する以上の光を吸収した場合、天体のスペクトルには暗線(吸収線)が現れる。逆の場合には、輝線が現れる。

星雲　宇宙空間に存在する希薄なガス雲。若く、高温の恒星が、星雲内にちりばめられている場合には、それは明るく輝くはずだ。そうでない場合には、星雲は黒いシミのようになって、はるかかなたの恒星が放つ光をかき消してしまうのかもしれない。

星間宇宙　恒星の間の宇宙。

星間塵　星間宇宙に存在する微細な塵。こうした塵は、消滅しつつある恒星の大気で生み出され、宇宙空間へと放出されてきたと考えられている。

塵の構成要素を巡っては、いまだに様々な議論が巻き起こっている。

星間媒体　星間宇宙に漂うガスと塵からなる希薄な媒体。太陽の近傍では、このガスは三立方センチメートルの水素原子一個からできている。そのため、そこには地球上では考えられないようなレベルの真空が生じているのである。

星間分子　宇宙空間を漂っている一〇〇種類以上もの分子の一つ。星間分子には、エチル・アルコールと、単純なアミノ酸であるグリシンが含まれている。そうした分子一つひとつには、光学的な「指紋」が存在する。それは、分子が光を放射したり吸収したりする際に現れる独特の波長にほかならない。望遠鏡で光を拾い上げる場合、天文学者はこの「指紋」を手がかりにして、分子の種類を見極めることができるのだ。

星間惑星　凍てつく星間宇宙を孤独に放浪する仮想惑星。そうした惑星は、惑星形成期に恒星の近傍から放出されたのかもしれない。

赤外線　熱を帯びた天体が放射する不可視光の一つ。赤外線の波長は、可視光線のそれより長い。

絶対零度　物理学上の最低温度。物質が冷却されていくと、それを構成している原子の動きはますます緩慢になっていく。絶対零度は、摂氏マイナス二七三・一五度だが、原子の動きは、この温度では完全に停止してしまう（実のところ、この説明はまったくのでたらめだ。ハイゼンベルクの不確定性原理があるため、絶対零度ですら、原子の動きには「ゆらぎ」が生じるからである）。

Zボソン　ベクターボソンの一種。

SETI　「地球外知的生命体探査」の項を参照のこと。

CERN　スイスはジュネーブ近郊にある、ヨーロッパ合同原子核研究機構。

素粒子物理学　自然界に存在する四つの基本力と、基本構成素を発見する学問。

素粒子物理学者　素粒子物理学研究に取り組む研究者。

＊　＊

対称性　ある対象が何らかの変化をこうむっても、変化しない質。例えば、鏡に映ったまったく同じように見える顔には、「鏡像対称性」が現れているとされる。

タイムマシン　「閉じた時間的な曲線」の項を参照のこと。

太陽　地球に最も近い恒星。

太陽系　太陽と、その家族である惑星、衛星、彗星その他様々なかけら。

太陽系外惑星　太陽以外の恒星を巡っている惑星。

多宇宙《マルチバース》　通常の宇宙を拡張して得られた仮想宇宙。こうした宇宙を想定することで、われわれの宇宙が、膨大な数にのぼる多種多様な個別宇宙の一つにすぎないという発想が生まれる。大半の宇宙は、消滅しているか、取るに足らないものである。ごく一部の宇宙だけが、恒星をはじめ、惑星や生命の出現を促すような物理法則を備えているのだ。

多世界概念　量子論が、原子とその構成素からなる微視的世界をはじめとする、森羅万象に適応可能とする発想。量子論により、一個の原子が同時に二つの場所に存在することが許されているため、机のような巨視的物体も同時に二つの場所に存在しうるとされる。ところが、多世界概念によれば、机を観測している観測者の心は、二つに分離しているという。机がある場所に存在しているとする立場と、それ以外の場所に存在しているとする立場とにである。原子が同時に二つ以上の場所に存在しうるとすれば、観測者の心が同時に二つの状態にはありえず、同時に二つの場所に存在する机を見ることができないのはなぜかという厄介な問題が残る。この問題は、「デコヒーレンス」という現象を想定すれば、氷解してしまう。

脱出速度　ある物体が、ほかの物体の重力から永遠に逃れようとするには、絶対に欠かせない速度。地表からの脱出速度は、約秒速一一キロメートルであり、太陽表面からのそれは秒速六一八キロメートルだ。

力を運ぶ粒子　力を運ぶ微視的な媒体。力はそうした粒子が絶え間なくやり取りされることで生じるが、それは、さながら、テニスプレーヤー間でテニスボールが絶え間なくやり取りされることで、わずかな力が生じるようなものだ。

地球外知的生命体探査　望遠鏡を活用して、地球外文明から送られてくる電波および光学信号を念入りに分析する研究。

地平線　観測可能な宇宙の境界。この地平線は、航海中の船の周囲を取り巻く水平線と非常によく似ている。宇宙に地平線があるために、光速が無限ではなく、宇宙がごく限られた期間しか存在しないのである。つまり、われわれが見ているのは、ビッグバン時に光を放った対象だけなのだ。観測可能な宇宙とは、ちょうど地球の中心に立った泡のようである。そして、地平線は泡の表面に相当する。宇宙は日々、年を取っていくが、地平線は外へ向かって広がっていき、新たな対象が姿を現すようになる。それはちょうど船が水平線のかなたから姿を現すようなものだ。

地平線問題　ビッグバン時ですら、互いに関わり合うことがありえなかった宇宙の遠方同士に、ほぼ同じ密度や温度が見られるという問題。厳密に言えば、そうした領域は常に互いの地平線のかなたに存在しているのだ。インフレーション理論によれば、そうした領域がビッグバン時に干渉し合う方法があったのだという。この方法を詰めていけば、地平線問題が解き明かされることになるのかもしれない。

中性子　原子の中央に位置する、原子核の主要な構成要素の一つ。中性子の質量は、陽子のそれと同じだが、電荷を帯びることはない。中性子は、核外では安定しておらず、ほぼ一〇分で崩壊してしまう。

超新星　恒星の劇的な爆発。超新星は、ごく短時間で、通常の恒星一〇〇〇億個からなる銀河を凌ぐ輝きを見せるようだ。超新星は、強烈に圧縮された中性子星を残すと考えられている。

超新星1987A　われわれの銀河の衛星銀河である、大マゼラン星雲内で、一九八七年二月二四日に発見された超新星。これは、われわれの銀河の近傍で、ここ三八七年間で初めて特定された超新星だった。

超ひも理論　宇宙の基本構成素が、小さなひも状物質であるとする理論。このひもは、一〇次元からなる時空内で振動している。この理論が優れているのは、量子論と一般相対性理論とが統一される可能性を切り開いた点だ。

超流体　臨界温度以下で、壁を這い登ったり、とてつもなく小さな穴をもやすやすと通り抜けたりするような、異様な特性を発揮する流体。その典型が、液体ヘリウムだ。液体ヘリウムは、マイナス二七〇・九八度以下で超流体になる。超流体は、その不気味な特性を量子論に負っているため、「量子液体」とも呼ばれている。

超力　四つの基本力を一つに結び合わせる、つまりは「統一する」とされている仮想力。将来的には、四つの基本力が、この超力の局面にすぎないことが明らかになると期待されている。

強い力　原子核内で、陽子と中性子とを結び合わせている強力な短範囲の力。

強い核力　「強い力」の項を参照のこと。

ツングースカ事件　シベリアを流れるツングースカ河流域で、一九〇八年六月三〇日に起きた巨大爆発。数千平方キロメートルの森林が、高度九キロメートルにまで達する一〇メガトン級の水爆に相当する爆風で、なぎ倒されてしまった。

DNA　デオキシリボ核酸。これは、全細胞に必要な分子情報の「究極の貯蔵庫」である。

デコヒーレンス　物体にまつわる不気味な量子的性質を破壊してしまうメカニズム。つまり、ある物体はこのメカニズムのおかげで複数の場所に同時に存在するのではなく、一箇所に局在しているように見える。デコヒーレンスが生じるのは、外界が問題の物体を知っている場合である。物体についての情報は、それに当たって跳ね返る空気分子や光子が一個でもあれば運び去られてしまう可能性がある。テーブルのような巨大な物体は、光子や空気分子に絶えず衝突されているので、そう長くは環境から隔離された状態を保つことができない。そのため、そうした物体はとてつもなく短い時間だとはいえ、複数の場所に同時に存在しうる能力を失ってしまうのだ。実際それはあまりに短い時間なので、気づかれることもないのである。

電子　原子核の周りを回る、負の電荷を帯びた亜原子粒子。これこそがまさに、分割不可能な素粒子と考えられている。

電子気泡　液体ヘリウム内の電子が周囲の原子に反発することで生まれた気泡。

電磁気力　自然界に見られる四つの力の一つ。

同位体　元素がとりうる形態。同位体は、質量によって区別することができる。たとえば、塩素には質量数35と37という二つの安定した同位体が存在する。質量の差は、核内の中性子数の違いによる。塩素-35には一八個の中性子が含まれているが、塩素-37には二〇個の中性子が含まれている（それぞれには、一七個の陽子が含まれている。というのは、ある元素のアイデンティティを決めているのが陽子の数だからである）。

統一理論　自然界に存在する四つの基本力はかつて、超高エネルギー状態で、一つに統一されていたとする発想。

特異点　時空構造に亀裂が生じている場所。ということは、アインシュタインが編み出した重力理論である一般相対性理論によっては理解できない対象でもある。宇宙の始まりには、特異点が存在していた。すべてのブラックホールの中心にも、特異点が一つ存在している。

閉じた時間的な曲線　あまりに劇的にゆがんでしまうために、時間が競技場とまったく同じようにルーピングしてしまう時空領域のこと。閉じた時間的な曲線とは、簡単に言えば、タイムマシンなのだ。

*　　*

二重スリット実験　隣接して並行に入れられた二つのスリットを持つスクリーンめがけて、粒子を発射する実験。問題のスクリーンの背後に置かれた二つ目のスクリーンには、粒子が「干渉」し合うことで典型的な干渉パターンが現れる。この干渉パターンは、スリットめがけて粒子が間隔をおいて発射される場合ですら生じるのである。つまり、粒子が混ざり合う可能性がいっさいない場合ですら生じてしまうのだ。この実験結果を見たアメリカの物理学者リチャード・ファインマンは、これこそがまさに、量子論「最大の謎」だと主張したのである。

ニュートリノ　光速に近い速度で飛ぶ、ごく微量の質量しか持たない中性の亜原子粒子。ニュートリノは、物質とはまず相互作用しない。ところが大量に生み出されるために、超新星の例に見られるように、恒星を「打ちのめす」こともできるのだ。

ニュートンの重力法則　あらゆる物体は、力によって互いに引き合うが、その力は、質量に正比例し、物体間の距離の二乗に反比例するという法則。つまり、物体間の距離が二倍になれば、力は四分の一になり、物体間の距離が三倍になれば、力は九分の一になっていくというわけだ。ニュートンの重力理論は、日常世界に実に見事に当てはまるのだが、それはあくまで近似値にすぎない。このニュートンの重力理論を改良したのが、アインシュタインの一般相対性理論だった。

ニューロン　電気パルスというかたちで、情報をやりとりする神経系。脳内での思考プロセスは、このニューロンに支えられているのだ。

人間原理　宇宙が、現在の姿を取っているのは、そうでなければそもそも人類は存在しておらず、宇宙になど気づくこともないからとする発想。つまり、われわれの存在とは、「科学的認識」そのものなのだ。この原理は、恒星をはじめ、惑星や生命を生み出すことがないような物理学法則をすべて切り捨てる場合に活用することができる。

熱力学的な時間の矢　増大するエントロピーをはじめ、ヒトの老化現象や、マグカップの崩壊現象などに関連する時間の方向性。

熱力学の第二法則　エントロピーは決して、減じることができないという「法令」。つまり、熱は、冷えた物体から熱い物体へと伝わることはありえないということだ。

ネメシス　太陽と対になっていると想定されている伴星。これはそもそも、地球史上で、規則的に繰り返される大量絶滅を説明するために提出されたものだ。この規則性が論争の焦点になっている。問題の伴星は、観測するのが困難なため、今後も非常にかすかな存在であり、とてつもなく奇妙な軌道を描き続けることだろう。

＊　＊

ハイゼンベルクの不確定性原理　量子の位置と速度のような対になった質は、同時には正確に捉えることができないという量子論の原理。この不確定性原理があるせいで、そうした質が生み出す結果についての予測も確度の低いものになってしまう。具体的に言えば、粒子の速度が正確にわかっていても、その位置を確定することはできないのだ。逆に位置が正確にわかっている場合でも、粒子の速度は不明なのである。ヒトの認識を制限するハイゼンベルクの不確定性原理は、自然界に「あいまいさ」を押しつけているのだ。対象にあまりに近づきすぎると、その輪郭はぼやけてしまう。それはちょうど、新聞の写真を間近で見ると、意味のない点の集まりに見えてしまうようなものだ。

バクテリア　最も単純な単細胞生物。

波長　一つの波が、全振動周期を終えるまでに達する距離。

波動関数　原子のような、量子物体に関する情報すべてを含んだ数学的実体。波動関数は、シュレーディンガー方程式に従って、徐々に変化する。

パラ・ポジトロニウム　電子と陽電子とが、反対方向にスピンするポジトロニウム。

半減期　放射性サンプル内の原子の半分が崩壊するのに要する時間。一つの半減期が終わると、残るのは半分になった原子だ。それは、二番目の半減期後には四分の一になり、三番目の半減期後には八分の一になるという具合である。半減期には、ほんの一瞬から数十億年にいたる多様性が見られるのだ。

パンスペルミア説　生命の種子が惑星系から惑星系へと広がっていったとする説。つまり、地球上に登場した単純な生命は、恒星から飛来した「生命の種子」に由来するというわけだ。

反物質　反粒子が大量に集まったもの。反陽子、反中性子、さらには反陽電子は、一つにまとまって、反原子になる。反恒星、反惑星、反生命が存在する可能性を締め出すことは、原理的に見て不可能である。物理学最大の謎の一つは、人類が物質だけからなる宇宙に暮らしているように見えるのはなぜかという点だ。物理学法則からすれば、宇宙は、物質と反物質とが半々になっていてもよさそうなのだが。

反粒子　正と負の電荷のような正反対の特性を備えた、亜原子粒子と対になっている粒子。例えば負の電荷を帯びた電子は、陽電子と呼ばれる正の電荷を帯びた反粒子と対になっている。粒子と半粒子は出会うことで自壊してしまうが、その際に生じるのが、高エネルギーガンマ線の閃光なのだ。

光の屈曲　「重力レンズ効果」の項を参照のこと。

非局所性　かなり離れている場合ですら、相手の状態を「察知」し続けることができるという、量子的な振る舞いを見せている物体に備わった不気味な能力。

ビッグバン　一二〇億年から一四〇億年前に、宇宙を生み出したと考えられている巨大爆発。

ビッグバン理論　宇宙が一二〇億年から一四〇億年前に、超高密度で超高温の状態から始まり、膨張していく過程で、冷却されてきたとする理論。

ビッグクランチ　宇宙の終焉をもたらすかもしれない内部崩壊。宇宙に十分な物質が存在しているとすれば、その重力はやがて作用しなくなり、宇宙の膨張過程が逆転してしまうだろう。そうなれば宇宙は高密度の球にまで圧縮されてしまうはずだ。それはまさにビッグバンの鏡像なのである。

ひも理論　「超ひも理論」の項を参照のこと。

物質の波‐粒子特性　ビリヤード球のように、局所化した粒子として振る舞ったり、波のように広がったりする亜原子粒子の特性。

物理学法則　宇宙の振る舞いをつかさどっている基本法則。

物理学法則の微調整　物理学法則が適正に調整されていることで、恒星をはじめ、惑星や生命が存在しているとする発想。例えば、重力が現在より数パーセントでも弱いか強ければ、人類など進化することはありえなかっただろう。

ブラックホール　大質量天体が、それ自身の重力によって消滅した際に残るゆがんだ時空。ブラックホールの周辺からは、何も(光ですら)逃れることができない。宇宙には、どうやら二つのタイプのブラックホールが存在しているようだ。それは、大質量恒星がそれらを粉々にしようとしている重力との釣り合いを取るのに必要な内部熱を発生することができなくなった時に生まれる星サイズのブラックホールと、「超大質量」ブラックホールだ。大半の銀河の中心部には、どうやら超大質量のブラックホールが存在しているらしい。その規模には、われわれの天の川に存在する太陽の質量の数百万倍に相当するものから、強力なクェーサー内に存在している太陽質量の数十億倍までの多様性が見られる。同じように、われわれの宇宙にはビッグバンの「名残」ともいうべき微小なブラックホールが存在している可能性があるのだ。

プランクエネルギー　重力が、他の三つの基本力と釣り合うようになる超高エネルギー(状態)。

プランク長さ　重力が、他の三つの基本力と釣り合うようになるとてつもなく微小な長さ。プランク長さは、原子の一〇の二四乗分の一の大きさで、プランクエネルギーに対応している。微小な距離とは、高エネルギーと同義語だが、それは物質に波特性が備わっているためだ。この波特性があるために、粒子が微小な容積内に閉じ込められている場合、その波は、丸め込まれている。周囲に広がる代わりに、それは局所化した激しい波になる。つまり、その動きはさらに激しくなり、波のエネルギーも増大していくのだ。

プレバイオロジー　生命発生の初期段階は、地球以外の場所で起こった。つまりそれは、地球上の生命進化に先んじていたという考え方。

分光学　物体のスペクトルを測定する技術。

分子　電磁気力によって結び合わされている原子の集団。炭素原子は、それ自身とはもちろん、他の原子と結合して膨大な数の分子を生み出すことができる。このため、化学者は分子を(炭素をベースにした)「有機分子」と、(それ以外をベースにした）「無機分子」とに二分している。

ベクター・ボソン　粒子間でやり取りされる粒子。このやり取りによって、弱い核力が生じる。

ヘリウム　自然界で二番目に軽い元素であり、地球で発見される前に、太陽で発見された唯一の元素でもある。ヘリウムは、あらゆる原子の約一〇パーセントを占めており、水素に継ぎ宇宙では二番目にありふれた元素である。ほとんどのヘリウムは、ビッグバンで誕生した。マイナス二六八・九五度以下ではヘリウムは凝縮して液体になってしまう。マイナス二七〇・九八度以下ではヘリウムは超流動状態になり容器の壁を這い登ったり、とてつもなく小さな穴をもやすやすと通り抜けたりするのである。

放射性崩壊　不安定な重原子が、より安定した軽い原子へと崩壊していくこと。

放射能　放射性崩壊を起こすような原子の特性。

膨張する宇宙　ビッグバンの余波を受けて、互いに遠ざかっていく銀河。

ポジトロニウム　電子と陽電子の結合状態。

保存法則　量が普遍であるとする物理学法則。例えば、エネルギー保存法則とは、エネルギーが生み出されることも破壊されることもありえず、状態変化だけが可能であるとする法則だ。ガソリン内の化学エネルギーは、自動車を動かす際のエネルギーへと変換できる。

ポリマー　基本的な原子配列の繰り返しから形作られた、ヒナギクの花づなに似た巨大分子。

＊　＊

密度　ある物体の質量を、その容積で割ったもの。空気の密度は低く、鉄の密度は高い。

ミラー・マター　ミラー粒子からできた物質。

ミラー粒子　通常粒子と鏡像のように相互作用する基本粒子。ミラー物質が存在しているとすれば、各粒子には、それぞれのミラー粒子が存在するだろう。

ミラー宇宙 ミラー物質が存在するとすれば、われわれの宇宙と同じ空間を占めているミラー宇宙が存在するのかもしれない。ミラー宇宙には、ミラー惑星をはじめ、ミラー恒星やミラー銀河が、肉眼では捉えられないかたちで存在している可能性がある。

木星 太陽系最大の惑星。木星の質量は、太陽系内にあるその他の惑星をひとまとめにした質量を上回っている。

＊ ＊

陽子 核を構成する二つの主要な「組み立てブロック」のうちの一つ。陽子は、電子のそれと同じ（反対の）正の電荷を帯びている。

陽電子 電子の反粒子。

弱い核力 原子核内の陽子と中性子間で働く、第二の力。これと対になっているのが、強い核力だ。中性子は、この弱い核力によって、陽子に変換されうる。

＊ ＊

粒子加速器 競技場のトラックのような形に作られることが多い巨大機械。この機械では、亜原子粒子が光速まで加速され、互いに衝突させられることになる。そうした衝突から生まれた粒子の運動エネルギーは、新しい粒子を生み出すのに活用される。この新たに誕生した粒子は、素粒子物理学者の関心の的になっている。

量子 対象が分割されうる最小量。例えば、光子は量子である。

量子論 原子とその構成素からできた微視的世界についての理論。多世界解釈支持派は、量子論が巨視的世界をも記述しうると考えている。

量子コンピュータ 原子のような量子系が同時に複数の計算を実行するためには、同時に複数の状態を取りうるという発想に基づいた機械。現在ではまだ、超高性能の量子コンピュータですら、ごくわずかな二進数(ビット)しか操作することはできないが、原理的に見て、量子コンピュータには、従来のコンピュータをはるかに凌ぐ計算能力が備わっているはずなのだ。

量子色力学　クォーク間で働く強い力についての理論。強い力は「グルーオン」と呼ばれる粒子がやり取りされることで生じる。

量子電磁力学　光子というかたちをとった光が、物質とどのように相互作用するかについての理論。この理論を活用すれば、地表が硬い理由はもちろん、レーザの性質や、新陳代謝の化学作用、さらにはコンピュータ操作といった、日常世界に関するほとんどすべての現象に説明がつくのだ。

量子の重ね合わせ　原子のような量子的対象が、同時に複数の状態にあること。たとえばそれは、同時に複数の場所に存在することと言えるのかもしれない。量子現象にまつわるあらゆる「不気味さ」の元凶になっているのは、まさに重ね合わされた複数の状態間での相互作用、つまりは「干渉」なのだ。デコヒーレンスのせいで、そうした相互作用が妨げられるために、量子的な振る舞いは破壊されてしまうのである。

レプトン　電子と中性子を含む、一群の亜原子粒子の一つ。レプトンは現在、クォークとともに、自然を構成する究極の「組み立てブロック」と考えられている。クォークとレプトンにはそれぞれ六つの種類がある。

＊　＊

惑星　恒星を巡る球状の小規模天体。惑星は、それ自身では光を生み出さないが、恒星が放つ光を反射して輝いている。

ワームホール　広大な領域を結び、その間の近道となっている時空トンネル。

訳者あとがき

本書は、Marcus Chown：“*The Universe Next Door*”――*Twelve mind-blowing ideas from the cutting edge of science*（HEADLINE BOOK PUBLISHING, 2001）の全訳である。訳出にあたっては、二〇〇三年六月に出版された本書のオックスフォード大学出版局版をも参照した。

“The Universe Next Door”という、科学書には一見そぐわなく思えるタイトルを持つ本書には、一体どんな世界と意味がつまっているのだろう？　この点についての専門的な解釈については、東京大学大学院理学系研究科教授でビッグバン宇宙国際研究センター長の佐藤勝彦先生による序文をお読みいただくこととし、ここでは、著者マーカス・チャウンの人物像と、本書の「読みどころ」についてごく簡単に触れておくことにしたい。

マーカス・チャウンは、一九六〇年イギリス生まれ。ロンドン大学で物理学を学んだ後、カリフォルニア工科大学で天体物理学の修士号を取得し、現在は『ニュー・サイエンティスト』誌の宇宙論担当顧問をしている。

最初の著作である“*Afterglow of Creation*”(1994)は、イギリスで同年、サイエンスライター大賞(GlaxoWellcome ABSW)を受賞した。この本は、科学書としては、スティーブン・ホーキングの『ホーキング、宇宙を語る』(林一訳、早川書房、一九九五年)についで、イギリスで二番目のベストセラーとなった。また、第二作目である“*The Magic Furnace*”(1999)(邦訳『僕らは星のかけら――原子をつくった魔法の炉を探して』糸川洋訳、無名舎、二〇〇〇年)も、多くの読者を得た。昔から文章を書くことが好きだったというチャウンには、このほかにも、ジョン・グリビンとの共著であるSF小説“*Double Planet*”と“*Reunion*”がある。読書と水泳が趣味で、愛読書はドリス・レッシング、マーティン・エイミス、フィリップ・ロスの作品というチャウンは現在、看護士をしている妻カレンとイギリスのウスターシャーに暮らしている。

本書の一つ目の「読みどころ」とは、これまでわれわれ一般人の目には触れることの少なかった科学者の興味深い研究が紹介されている点だ。特に、マックス・テグマーク、ハンフリー・マリス、マーク・ハッドリー、マイク・ホーキンス、ロバート・フット、セルゲイ・グニネンコ、アレクセイ・アルヒーポフといった、イギリス、オーストラリア、ウクライナ、スウェーデン出身の科学者の活躍ぶりには、「現代科学」という舞台が、いかに多彩な「役者」に支えられているのかが浮き彫りにされていて興味深い。その意味で本書は、「伝統と奇人の国」イギリスをはじめ、ウクライナやスウェーデンといった「思考風土」から生み落とされた「科学的思考」の本質を探る、一種の「マイナー・サイエンス論」と考えることもできるだろう。類書がほとんど見られないことを考えれば、この点には、少なからぬ情報価値があるはずだ。

二つ目の「読みどころ」は、科学の最前線で活躍している科学者が、われわれ一般人からすれば、「荒唐無稽」としか思えないようなテーマに真剣に取り組んでいる様子が描き出されている点だ。「逆流する時間」、「多世界解釈」、「波動関数の謎《ミステリー》」、「タイムマシンとしての世界」、「ミラー・ワールド」、「自己を認識する基体」、「一〇次元時空」、「ブラックホール論」、「宇宙考古学」、「ET論」などというテーマが、オムニバス形式でリレーのように示されると、今まで素朴に「科学vs非科学」「正統科学vsトンデモ科学」「実在/反実在/非実在」と考えていた自分の態度がいかに軽薄で危ういものだったかが露呈してしまうような思いがする。

こうした先端科学の現状は、「ヒトの認識のグレーゾーン(あるいはトワイライトゾーン)」と密接に関わる問題意識の表れとも思えるのだが、読者の皆さんにもぜひ、この機会に、「科学って何をやっているんだろう?」「科学には何ができて、何ができないんだろう?」などと、素朴な疑問を自分自身にぶつけてみていただきたい。運がよければ、見えてくるものがあるかもしれない。それにしても、科学業界内のこの手の情報は、今後も、どんどん一般社会に「漏れ出してきて」もらいたいものである。

チャウンはかつて、『僕らは星のかけら』の熱狂的なファンと称する女性から、一通の手紙を受け取ったことがあるそうだ。その手紙には、ロンドンでタクシー運転手をしているその女性の夫が、同書に感銘を受けたことをきっかけに、大学で物理学を勉強しようと決心するまでになったという事実が綴られていたのだという。

チャウン本人は、同書のどの部分が、そこまでの感動をその人物に与えたのかわからないと述べているのだが、そう答えておくのはもちろん、英国流「エチケット」というものだろう。「私は、草の葉の一枚一枚が、星の労作にほかならないと信じている」というウォルト・ホイットマンの言葉を繰り返し引用するチャウンが、「本当の答え」を知らないはずがないからだ。「人間を包み込んでいる宇宙」に自然体で接しているチャウンの筆には間違いなく、それだけの潜在力《ポテンシャル》が秘められているのだろう。

本書を読まれた皆さんにもひょっとしたら、そうした「思わぬ瞬間」が訪れるかもしれない。そうなった場合には、チャウンがしきりにこだわっていた「時空の深み」にどっぷりと浸かり、それを味わい尽くしてみるのがいいだろう。

なお、訳文中に添えた〔 〕は、訳者による註である。

最後に、ご多忙中にもかかわらず、本書に素晴らしい序文をお寄せ下さった佐藤勝彦先生と、春秋社の皆さんに、心よりお礼を申し上げます。

二〇〇四年一月

長尾 力

［訳者紹介］
長尾　力（ながお・つとむ）
東京大学大学院修了。翻訳家。
訳書に、R・シーゲル『幻覚脳の世界』（青土社）、
R・ローラー『アボリジニの世界』（同）、
G・ジョンソン『聖なる対称性』（共訳、白揚社）、
D・マルホール『ナノテクノロジー・ルネッサンス』（アスペクト）
などがある。

奇想、宇宙をゆく　最先端物理学 12の物語

2004年3月20日　第1刷発行
2004年6月20日　第5刷発行

著　者　　マーカス・チャウン
訳　者　　長尾　力
発行者　　神田　明
発行所　　株式会社　春秋社
〒101-0021　東京都千代田区外神田2-18-6
電話　03-3255-9611（営業）
　　　03-3255-9614（編集）
振替　00180-6-24861
http://www.shunjusha.co.jp/
装　幀　　HOLON
印刷所　　図書印刷株式会社
製本所　　黒柳製本株式会社

ISBN 4-393-32216-9　定価はカバー等に表示してあります

質的研究入門

〈人間の科学〉のための方法論

ウヴェ・フリック著
小田博志・山本則子
春日常・宮地尚子訳

人文系諸学の調査、フィールドワークにおいて、量的にはとらえられない対象を扱う方法論として次第に確立されてきた〝質的研究〟の、現時点における最良の入門書。　三八八五円

レイアウトの法則

アートとアフォーダンス

佐々木正人

物と人間の関係を探究する心理学＝アフォーダンスの最新局面とアーティスト達との刺激的邂逅。絵画、建築、写真、ブックデザイン、理学療法の現場に〈レイアウト〉の法則を探る。　二四一五円

デッサンする身体

赤間啓之

私の目に見えているのは何だろう。見えている物が何であるかを私は知っているのだろうか。混沌が形へ跳躍する瞬間を捉え、芸術的感覚と科学的理性の融合を探るデッサン論の誕生。　二八三五円

いかにしてわたしは哲学にのめりこんだか？

中村昇

〈わたし〉とは何か？　現代哲学の最大の謎を、二〇世紀最大の哲学者ウィトゲンシュタインとの出会いと対決を通じ、思考の息づかいが感じられる魅力たっぷりの文章で考え抜く。　二六二五円

ツバル

太平洋に沈む国

神保哲生

温暖化による海面上昇で水没の危機に、国を捨てる決断をした太平洋の島国。全国民移住に困惑する人々、複雑な国際政治、環境問題の衝撃を緻密な取材とデータで描ききる。　二一〇〇円

価格は税込価格。